ポケット版

電気工事施工管理技士（1級+2級）第一次検定

不動弘幸［著］

要点整理

Ohmsha

（ ま え が き ）

　皆さんがこれから受検を目指す電気工事施工管理技士は、建設業法に基づく国家試験で、国土交通省が管轄する資格です。

　この資格には、1級と2級とがあり、1級は、一般建設業の専任技術者や主任技術者のほか、特定建設業の専任技術者、講習の修了によって監理技術者にもなれます。2級は、一般建設業の専任技術者、工事現場ごとに置く主任技術者になれます。

　試験は一次検定と二次検定があり、電気工事についての「施工計画や施工図の作成、工程管理、品質管理、安全管理など」について広範囲の知識経験が要求されます。

　本書は、**一次検定を対象**として、短時間で「**徹底攻略**」できるよう、次のような特徴をもたせて執筆しています。

　①**1冊で1級と2級の両方に対応できる。**

　②**出題範囲をカバーしつつ、学習しやすい構成としている。**

　③**必要な知識と問題を原則として左右見開きとしている。**

　本書を用いた繰返し学習により、一次検定を「**完全攻略**」されることを心よりお祈りします。

　一次検定に合格すると、1級は「1級施工管理技士補」、2級は「2級施工管理技士補」の称号が与えられます。

　1級施工管理技士補を「監理技術者補佐」として専任で配置すれば、監理技術者は二つの現場で兼任できます。

　二次検定については、1級は一次検定の合格発表があってから別日に、2級は後期の場合には一次検定当日に実施されます。

　2級の後期の場合は、一次検定と合わせて二次検定の学習・準備を進めておいてください。なお、一次検定に合格すれば、二次検定の受検に当たって、有効期間や受検回数の制約はありません。

　最後に、本企画の立上げから出版に至るまでお世話になった、オーム社編集局の皆様に厚くお礼申し上げます。

2022年8月

不動　弘幸

（目　次）

*は電気法規以外の法規を収録しています。

（試験の概要）

1 電気工事施工管理技士とは

電気工事施工管理技士の技術検定は、（一財）建設業振興基金が実施する国家試験で、**国土交通省**が管轄する資格です。技術検定は、電気工事の「**適正な施工を確保**」するための一環として、実施されるものです。

1級電気工事施工管理技士の保有者は、**一般建設業の専任技術者や主任技術者**はもちろん**特定建設業の専任技術者、監理技術者**（講習の修了が必要）になれます。2級電気工事施工管理技士の保有者は、**一般建設業の専任技術者や工事現場ごとに置く主任技術者**になれます。

> **対象となる工事**
> ●構内電気設備（非常用電源設備工事を含む）
> ●照明設備●引込線●ネオン装置●発電設備
> ●送配電線●変電設備●電車線●信号設備 など

2 受検資格

学歴、資格、実務経験の条件を満たせば、受検できます。

3 検定科目と合格基準

一次検定は**マークシート方式**で、検定科目別の解答形式は下表に示すとおりです。

検定科目	1 級		2 級	
	知識・能力	出題形式	知識・能力	出題形式
電気工学等	知識	四肢択一	知識	四肢択一
施工管理法	知識	四肢択一	知識	四肢択一
施工管理法	能力	五肢択一	能力	五肢択一
法　規	知識	四肢択一	知識	四肢択一

選択問題と必須問題があり、1級は**全体で得点が60％**で、かつ、**施工管理法（能力）が50％**であれば合格です。

2級は**全体で得点が60％**であれば合格です。

4 検定日程

● 1 級の検定日程の概略は、下記とおりです。

一次・二次検定申込 受検料　一次検定　**13,200 円** 　　　　　　二次検定　**13,200 円**	1 月下旬～2 月中旬
一次検定実施	**6 月中旬**
一次検定合格発表	7 月中旬
当年度一次検定合格者の 二次検定受検手数料払込 　　　　　　**二次検定　13,200 円**	7 月中旬～下旬
二次検定実施	**10 月中旬**
二次検定合格発表	翌年 1 月下旬

● 2 級の検定日程の概略は、下記とおりです。

一次検定・二次検定申込 **一次二次・二次検定** 　　　　　　**各 6,600 円**	1 回目（一次）3 月中旬 2 回目（一次・二次）7 月中旬
一次および二次検定実施	1 回目（一次）**6 月中旬** 2 回目（一次・二次）**11 月中旬**
合格発表	1 回目（一次）：7 月初旬 2 回目一次のみ：翌年 1 月下旬 一次・二次：翌年 2 月上旬

5 受検地

　1 級の受検地は（10 地域）、2 級の受検地は（13 地域）で 2 級のみ**色文字**

> 札幌、**青森**、仙台、東京、新潟、**金沢**、名古屋、大阪、
> 広島、高松、福岡、**鹿児島**、沖縄

6 受検申込書の販売と提出先

①受検申込書の販売

（一財）建設業振興基金、各地区建設協会、建設弘済会、建設共済会

②受検申込書の提出先

（一財）建設業振興基金 試験研修本部

〒105-0001 東京都虎ノ門 4－2－12

虎ノ門 4 丁目 MT ビル 2 号館

電話：03-5473-1581

https://www.fcip-shiken.jp/

電気工学

理論 1 電気抵抗

POINT

物質の電気抵抗と電気抵抗の求め方をマスターしておく。

1. 物質と電気抵抗

・金属のように電気をよく通す物質を**導体**といい、通しにくい物質を**絶縁体**という。**半導体**は両者の中間である。

・電気抵抗の小さなものは電流が流れやすい。

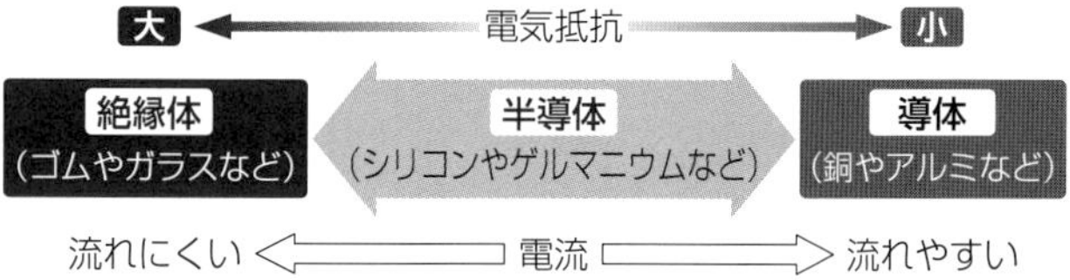

2. 導体の電気抵抗

・導体の抵抗率を ρ〔Ω·m〕、断面積を S〔m^2〕、長さを l〔m〕とすると

電気抵抗 $\boldsymbol{R=\rho\frac{l}{S}}$〔**Ω**〕

で表され、**電気抵抗**は、**長さに比例**し、**断面積に反比例**する。

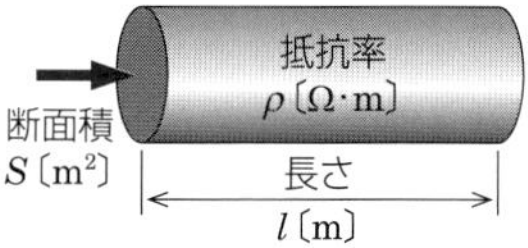

(参考) 抵抗率の単位が ρ〔$\Omega \cdot mm^2/m$〕のときは、断面積は S〔mm^2〕、長さは l〔m〕の単位を使用する。

・導体は温度が上昇すると電気抵抗は増加し、半導体や絶縁体は温度が上昇すると電気抵抗は減少する。

3. 合成電気抵抗

2つの抵抗の合成抵抗 R_0 は、下式で求められる。

直列接続	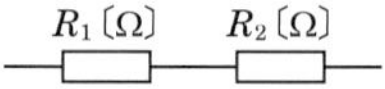	$\boldsymbol{R_0=R_1+R_2}$〔**Ω**〕 2抵抗の和
並列接続	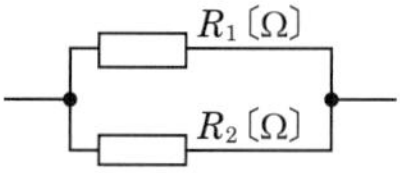	$\boldsymbol{R_0=\frac{R_1\times R_2}{R_1+R_2}}$〔**Ω**〕 2抵抗の $\left(\frac{積}{和}\right)$

問題1 図に示す金属導体Bの抵抗値は、金属導体Aの抵抗値の何倍になるか。ただし、金属導体AおよびBの材質および温度条件は同一とする。

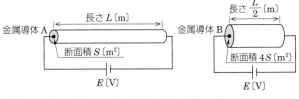

金属導体A　長さ L〔m〕　断面積 S〔m²〕　E〔V〕

金属導体B　長さ $\dfrac{L}{2}$〔m〕　断面積 $4S$〔m²〕　E〔V〕

(1) 1/8倍　(2) 1/2倍　(3) 2倍　(4) 8倍

問題2 図に示す回路において、A-B間の合成抵抗が60Ωであるとき、抵抗 R の値として正しいものはどれか。

(1) 40Ω
(2) 100Ω
(3) 120Ω
(4) 150Ω

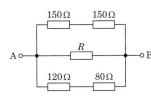

解答・解説

◀問題1▶

導体Aの抵抗を R_A、導体Bの抵抗を R_B とすると

$$R_A = \rho\frac{L}{S} \qquad R_B = \rho\frac{\dfrac{L}{2}}{4S} = \rho\frac{L}{8S} = \frac{1}{8}R_A$$

(参考) 半径 r〔m〕の円の断面積 S は、$S = \pi r^2$〔m²〕

答 (1)

◀問題2▶

上段と下段の合成抵抗 R_1 は、上段2個の直列抵抗と下段2個の直列抵抗との並列であるので

$$R_1 = \frac{(150 + 150) \times (120 + 80)}{(150 + 150) + (120 + 80)} = 120 〔\Omega〕$$

A-B間の合成抵抗 $= 60 = \dfrac{R_1 \times R}{R_1 + R} = \dfrac{120 \times R}{120 + R}$

$60(120 + R) = 120R \quad \rightarrow \quad 120 + R = 2R$

∴ $R = 120$〔Ω〕

答 (3)

☺ POINT ☺

オームの法則と電力・電力量の求め方をマスターしておく。

1. オームの法則

回路に流れる電流 I〔A〕は、**電圧 V〔V〕に比例し、抵抗 R〔Ω〕に反比例する**。これを式で示したのがオームの法則である。

電流 $I=\dfrac{V}{R}$〔A〕 ← 基本式

電圧 $V=RI$〔V〕 ← 変形式

抵抗 $R=\dfrac{V}{I}$〔Ω〕 ← 変形式

2. 電 力

R〔Ω〕の抵抗に V〔V〕の電圧が印加され、I〔A〕の電流が流れているとき、消費される電力 P は、次式で求められる。

$$P=VI=(RI)I=RI^2=R\left(\frac{V}{R}\right)^2=\frac{V^2}{R}\ \text{〔W〕}$$

3. 電力量

P〔W〕の電力を T〔h〕使用したときの電力量 W は

$W=PT$〔W·h〕

となる。電力量計などでよく用いられる電力量の測定の単位は〔kW·h〕である。

4. ジュールの法則

ジュールの法則は、電流による発熱量を示すものである。

R〔Ω〕の抵抗に I〔A〕の電流を t〔s〕間流したときに発生する熱量（ジュール熱）H は

$H=RI^2t$〔J〕

で表され、抵抗と電流の2乗の積に比例する。

（参考）1〔W·s〕＝1〔J〕

1〔kW·h〕＝3 600〔kJ〕

問題1 図のような回路で、電流計Ⓐは 10A を示している。抵抗 R で消費する電力〔W〕はどれか。

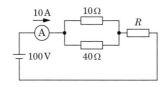

(1) 160
(2) 200
(3) 800
(4) 1 000

問題2 10Ω の抵抗に 100V の電圧を 1 分間かけたとき、この抵抗に 3×10^5 J の熱量が発生した。加えた時間として、正しいものはどれか。

(1) 5 分　(2) 12 分　(3) 21 分　(4) 50 分

【解答・解説】

【問題1】

・合成抵抗 $= \dfrac{10 \times 40}{10 + 40} + R = 8 + R$

$\qquad = \dfrac{100\,\mathrm{V}}{10\,\mathrm{A}} = 10\ 〔\Omega〕$

$\qquad \therefore R = 2\ 〔\Omega〕$

・抵抗 R で消費する電力 P は、回路の電流 $I = 10$〔A〕であるので

$\qquad P = RI^2 = 2 \times 10^2 = 200\ 〔\mathrm{W}〕$

答 (2)

【問題2】

電圧を V〔V〕とすると、抵抗 R〔Ω〕に流れる電流 I は

$I = \dfrac{V}{R} = \dfrac{100}{10} = 10$〔A〕であり、抵抗に発生した熱量（ジュール熱）$H$ は、通電時間を t〔s〕とすると

$H = RI^2 t = 10 \times 10^2 \times t = 3 \times 10^5$〔J〕

$\therefore t = \dfrac{3 \times 10^5}{10^3} = 300$〔s〕$= 5$〔分〕

答 (1)

☻ POINT ☻

キルヒホッフの法則、分担電圧と分路電流についてマスターしておく。

1. キルヒホッフの法則

キルヒホッフの法則には、第一法則と第二法則があり、回路網計算には欠かすことができない。

電流に関する法則 （第一法則）	電圧に関する法則 （第二法則）
回路網の任意の接続点において、流入電流の総和と流出電流の総和は等しい	任意の閉回路において、起電力の総和は電圧降下の総和に等しい
$I_1 + I_3 = I_2$	$E_1 = R_1 I_1 + R_2 I_2$ $E_2 = R_3 I_3 + R_2 I_2$

2. 分担電圧と分路電流

電圧の分担	電流の分流
分担電圧は、抵抗の大きさで比例配分する。	分路電流は、抵抗の大きさで逆比例配分する。
$V_1 = \dfrac{R_1}{R_1 + R_2} V \ \text{(V)}$	$I_1 = \dfrac{R_2}{R_1 + R_2} I \ \text{(A)}$
$V_2 = \dfrac{R_2}{R_1 + R_2} V \ \text{(V)}$	$I_2 = \dfrac{R_1}{R_1 + R_2} I \ \text{(A)}$

問題1 図に示す直流回路網における起電力 E〔V〕の値として、正しいものはどれか。

(1) 4 V
(2) 8 V
(3) 12 V
(4) 16 V

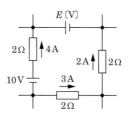

問題2 図に示す回路において、回路全体の合成抵抗と電流 I_2 の値の組合せとして、正しいものはどれか。ただし、電池の内部抵抗は無視するものとする。

	合成抵抗	電流 I_2
(1)	$25\,\Omega$	2 A
(2)	$25\,\Omega$	4 A
(3)	$85\,\Omega$	2 A
(4)	$85\,\Omega$	4 A

解答・解説

問題1

・キルヒホッフの第二法則は、起電力の和=電圧降下の和である。

・左回りにキルヒホッフの第二法則を適用すると

$E - 10 = -2 \times 4 + 2 \times 3 + 2 \times 2 = 2$〔V〕

∴ $E = 12$〔V〕

答 (3)

問題2

・合成抵抗 $= 5 + \dfrac{40 \times 40}{40 + 40} = \mathbf{25}$〔$\mathbf{\Omega}$〕

・$I_1 = \dfrac{100}{25} = 4$〔A〕

・$40\,\Omega$ の端子電圧 $V = 100 - 5I_1$
$\qquad\qquad = 100 - 5 \times 4 = 80$〔V〕

・$I_2 = \dfrac{V}{40} = \dfrac{80}{40} = \mathbf{2}$〔$\mathbf{A}$〕

答 (1)

理論 3 　直流回路計算の基礎 　**7**

☻ POINT ☻
正弦波交流についての基礎知識をマスターしておく。

1. 正弦波交流

電圧の最大値を E_m〔V〕、角周波数を ω〔rad/s〕、時間を t〔s〕とすると、正弦波交流の波形は図に示すとおり一定周期で正負を繰り返す。この波形の瞬時値、実効値、平均値はそれぞれ次のように表せる。

瞬時値 $e = E_m \sin \omega t$ 〔V〕

実効値 $= \dfrac{最大値}{\sqrt{2}}$ 〔V〕

実効値は、瞬時値の2乗の平均の平方根である。

平均値 $= \dfrac{2}{\pi} \times 最大値$ 〔V〕

交流波形の $0 \sim 2\pi$〔rad〕の間の時間を周期という。

周波数 f を用いると、角周波数 ω は

角周波数 $\omega = 2\pi f$ 〔rad/s〕

で表される。

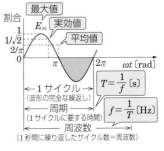

2. 波形率と波高率

いずれも、交流波形の特徴を表すものである。

波形率 $= \dfrac{実効値}{平均値}$ ⇔ $\left(正弦波では \dfrac{\pi}{2\sqrt{2}} = 1.11 \right)$

波高率 $= \dfrac{最大値}{実効値}$ ⇔（正弦波では $\sqrt{2}$）

3. 交流の電力

交流の電力 P、無効電力 Q、皮相電力 S は、電圧を V〔V〕、電流を I〔A〕、力率を $\cos\theta$ とすると下表のようになる。

種　類	有効電力 P 〔**W**〕	無効電力 Q 〔**var**〕	皮相電力 S 〔**V・A**〕
イメージ	熱の消費を伴う	熱の消費を伴わない	$\sqrt{P^2+Q^2}$
単相交流	$VI\cos\theta$	$VI\sin\theta$	VI

問題1 図のような正弦波交流電圧がある。波形の周期が20 ms（周波数 50 Hz）であるとき、角周波数〔rad/s〕の値として、正しいのはどれか。

(1) 50
(2) 100
(3) 314
(4) 628

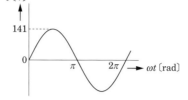

1級 問題2 電気回路に関する記述として、不適当なものはどれか。

(1) 交流回路の波形率は、実効値を平均値で除した値である。

(2) 交流回路における皮相電力は、有効電力の2乗と無効電力の2乗の和の平方根に等しい。

(3) 回路網の中で任意の閉回路を一巡するとき、その閉回路中の起電力の総和と電圧降下の総和は等しい。

(4) 並列に接続された抵抗のそれぞれに流れる電流は、各抵抗値に比例した大きさとなる。

解答・解説

問題1

角周波数 ω は、周波数を f〔Hz〕とすると

$\omega = 2\pi f = 2\pi \times 50 = 100\pi = 314$〔rad/s〕

（参考）周期 T と周波数 f との間には、次の関係がある。

$T = \dfrac{1}{f}$〔s〕（周期は周波数の逆数）

答 (3)

問題2

並列に接続されたそれぞれの抵抗に流れる電流は、各**抵抗値に反比例**した大きさとなる。

$\left(I_1 : I_2 = \dfrac{1}{R_1} : \dfrac{1}{R_2} \text{ の形} \right)$

答 (4)

☻ POINT ☻

単相交流回路の基礎についてマスターしておく。

1. RLC直列回路のインピーダンス

電源の角周波数が ω〔rad/s〕であるとき、抵抗 R〔Ω〕、誘導性リアクタンス $\omega L = X_L$〔Ω〕、容量性リアクタンス $\dfrac{1}{\omega C} = X_C$〔Ω〕の合成インピーダンス Z は、次式で表される。

$$Z = \sqrt{R^2 + \left(\omega L - \dfrac{1}{\omega C}\right)^2}$$
$$= \sqrt{R^2 + (X_L - X_C)^2} \ \text{〔Ω〕}$$

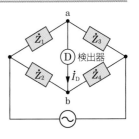

2. RLC直列回路の電流と力率

RLC直列回路のインピーダンス Z〔Ω〕に電圧 V〔V〕を加えると、電流 I は

$$I = \dfrac{V}{Z} = \dfrac{V}{\sqrt{R^2 + \left(\omega L - \dfrac{1}{\omega C}\right)^2}} = \dfrac{V}{\sqrt{R^2 + (X_L - X_C)^2}} \ \text{〔A〕}$$

となり、この回路の力率 $\cos\theta$ は、次式で表される。

$$\text{力率}\ \cos\theta = \dfrac{R}{Z}$$

1級 3. 交流ブリッジ

4つのインピーダンスと検出器Ⓓを図のように接続した回路が交流ブリッジである。検出器の指示がゼロのとき、ブリッジは平衡している。

ブリッジの平衡条件は

$$\dot{Z}_1 \dot{Z}_4 = \dot{Z}_2 \dot{Z}_3$$

であり、次の二条件とも満たさなければならない。

◎ $\dot{Z}_1 \dot{Z}_4$ と $\dot{Z}_2 \dot{Z}_3$ の実数部同士が等しい。
◎ $\dot{Z}_1 \dot{Z}_4$ と $\dot{Z}_2 \dot{Z}_3$ の虚数部同士が等しい。

問題1 図に示す単相交流回路の電流 I〔A〕の実効値として、適当なものはどれか。ただし、電圧 E〔V〕の実効値は200Vとし、抵抗 R は4Ω、誘導性リアクタンス X_L は3Ω とする。

(1) 8A
(2) 20A
(3) 29A
(4) 40A

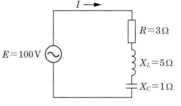

1級 問題2 図に示す RLC 直列回路に交流電圧を加えたとき、当該回路の有効電力の値〔W〕として、正しいものはどれか。

(1) 860W
(2) 1 200W
(3) 1 785W
(4) 2 000W

解答・解説

問題1

・回路のインピーダンスを Z とすると
$$Z = \sqrt{R^2 + X_L^2} = \sqrt{4^2 + 3^2} = 5 \ (\Omega)$$

・電流 $I = \dfrac{E}{Z} = \dfrac{200}{5} = 40 \ (A)$

答 (4)

問題2

・回路のインピーダンスを Z とすると
$$Z = \sqrt{R^2 + (X_L - X_C)^2} = \sqrt{3^2 + (5-1)^2} = 5 \ (\Omega)$$

・電流 $I = \dfrac{E}{Z} = \dfrac{100}{5} = 20 \ (A)$

∴有効電力 $P = RI^2 = 3 \times 20^2 = 1\,200 \ (W)$

答 (2)

☻ POINT ☻

三相交流回路の基礎についてマスターしておく。

1. 三相3線式の結線

三相3線式の代表的な結線には、Y（スター）結線と△（デルタ）結線があり、電圧と電流は下表のとおりである。

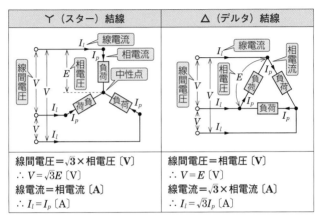

Y（スター）結線	△（デルタ）結線
線間電圧＝$\sqrt{3}$×相電圧〔V〕 ∴ $V = \sqrt{3}E$〔V〕 線電流＝相電流〔A〕 ∴ $I_l = I_p$〔A〕	線間電圧＝相電圧〔V〕 ∴ $V = E$〔V〕 線電流＝$\sqrt{3}$×相電流〔A〕 ∴ $I_l = \sqrt{3}I_p$〔A〕

2. インピーダンスの△-Y変換

三相3線式において、負荷が平衡している場合には、負荷のインピーダンスの変換は次のように行える。

◎△→Y変換：$Z_Y = \dfrac{Z_\triangle}{3}$〔Ω〕

（1/3 倍する）

◎Y→△変換：$Z_\triangle = 3Z_Y$〔Ω〕

（3 倍する）

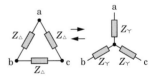

3. 三相電力

線間電圧 V〔V〕、線電流 I_l〔A〕、力率 $\cos\theta$ のときの三相電力は下表のように表せる。

電力	$P = \sqrt{3}VI_l\cos\theta$〔W〕
無効電力	$Q = \sqrt{3}VI_l\sin\theta$〔var〕
皮相電力	$S = \sqrt{3}VI_l$〔V·A〕

問題1 図のような三相交流回路において、電源電圧は200V、抵抗は4Ω、リアクタンスは3Ωである。回路の全消費電力〔W〕は。

(1) 4 000
(2) 4 800
(3) 6 400
(4) 8 000

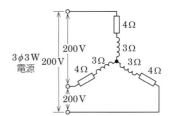

問題2 図に示す平衡三相回路において、三相負荷の消費電力が4kWである場合の抵抗 R〔Ω〕の値はいくらになるか。

(1) 10Ω
(2) 30Ω
(3) 3.90Ω
(4) 270Ω

解答・解説

問題1

・回路の1相当たりのインピーダンス Z は

$$Z = \sqrt{R^2 + X^2} = \sqrt{4^2 + 3^2} = 5 \ [\Omega]$$

・消費電力 $P = 3RI^2 = 3R\left(\frac{V/\sqrt{3}}{Z}\right)^2 = R\left(\frac{V}{Z}\right)^2$

$$= 4 \times \left(\frac{200}{5}\right)^2 = 6\,400 \ [\text{W}]$$

答 (3)

問題2

三相負荷の消費電力 P は、線間電圧を V〔V〕、抵抗を R〔Ω〕とすると

$$P = 3\frac{V^2}{R} = 3 \times \frac{200^2}{R} = 4\,000 \ [\text{W}]$$

$$\therefore R = \frac{120\,000}{4\,000} = 30 \ [\Omega]$$

答 (2)

😸 POINT 😸

電界に関する基礎知識をマスターしておく。

1. 電気力線の性質

① 電気力線の向きはその点の電界
の向きと同じである。

② 電気力線の密度はその点の電界
の強さに等しい。

③ 正電荷から出て負電荷に入る。

④ 電気力線は電位の高い点から低
い点に向かう。

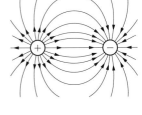

$$電気力線の本数 = \frac{電荷\ Q\ [C]}{誘電率\ \varepsilon\ [F/m]}$$

2. 電界の強さ

誘電率 ε [F/m] の媒質中に Q [C] の
点電荷が置かれた場合、電荷から r [m]
離れた位置の電界の強さ E は

$$E = \frac{Q}{4\pi\varepsilon r^2}\ [V/m]$$

である。

3. クーロンの法則

誘電率 ε [F/m] の媒質中に Q_1 [C] と Q_2 [C] の2つの電
荷が r [m] 隔てて置かれた場合、両者に働く力 F（クーロン力）
は

$$F = \frac{Q_1 Q_2}{4\pi\varepsilon r^2}\ [N]$$

である。クーロン力は、異符号の電荷同士には吸引力が、同符
号の電荷同士には反発力が働く。

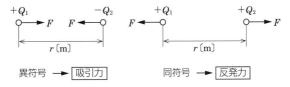

問題1 静電界における電気力線に関する記述として、不適当なものはどれか。

(1) 電気力線は、等電位面と垂直に交わる。
(2) 電気力線は、負電荷に始まり正電荷に終わる。
(3) 電気力線の密度は、その点の電界の大きさを表す。
(4) 電気力線の向きは、その点の電界の方向と一致する。

問題2 図に示す2つの点電荷 $+Q_1$〔C〕、$-Q_2$〔C〕の間に働く静電力 F〔N〕の大きさを表す式として正しいものはどれか。ただし、点電荷間の距離は r〔m〕、電荷の置かれた空間の誘電率は ε〔F/m〕とする。

(1) $F = \dfrac{Q_1 Q_2}{4\pi\varepsilon r^2}$〔N〕

(2) $F = \dfrac{Q_1 Q_2}{4\pi\varepsilon r}$〔N〕

(3) $F = \dfrac{Q_1 Q_2}{2\pi\varepsilon r^2}$〔N〕

(4) $F = \dfrac{Q_1 Q_2}{2\pi\varepsilon r}$〔N〕

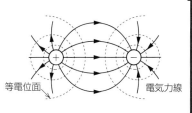

解答・解説

問題1

・電気力線は、**正電荷に始まり負電荷に終わる**。

・電気力線は等電位面と垂直に交わる。

等電位面　　　電気力線

答 (2)

問題2

クーロンの法則の式そのもので、クーロン力 F は

$$F = \frac{Q_1 Q_2}{4\pi\varepsilon r^2}\text{〔N〕}$$

であり、2つの電荷が異符号のため吸引力となる。

答 (1)

❀POINT❀

コンデンサについての基礎知識をマスターしておく。

1. 平板コンデンサの静電容量

2枚の金属平行板の電極間隔を d〔m〕、真空の誘電率を ε_0〔F/m〕、媒質の比誘電率を ε_r、電極の面積を S〔m²〕とすると、コンデンサの静電容量 C は

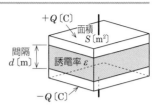

$$C = \frac{\varepsilon S}{d} = \frac{\varepsilon_0 \varepsilon_r S}{d} \text{〔F〕}$$

で表される。コンデンサに V〔V〕の電圧を加えると、電荷 Q が蓄えられる。

$$Q = CV \text{〔C〕}$$

2. コンデンサの並列接続と直列接続

接続区分	並列接続	直列接続
接続図		
蓄積電荷〔C〕	静電容量が異なれば大きさは異なる $Q_1 = C_1 V$〔C〕 $Q_2 = C_2 V$〔C〕	静電容量が異なっても大きさは同じ $Q = C_1 V_1 = C_2 V_2$〔C〕
合成静電容量〔F〕	$C_0 = C_1 + C_2$〔F〕 並列接続は和	$C_0 = \dfrac{C_1 \times C_2}{C_1 + C_2}$〔F〕 直列接続は積／和
分担電圧〔V〕	$V = \dfrac{Q_1}{C_1} = \dfrac{Q_2}{C_2}$〔V〕	$V_1 = \dfrac{C_2}{C_1 + C_2} V$〔V〕 $V_2 = \dfrac{C_1}{C_1 + C_2} V$〔V〕

3. 静電エネルギー

コンデンサに蓄えられる静電エネルギー W は、次式で表される。

$$W = \frac{1}{2} CV^2 \text{〔J〕}$$

問題1 図に示す面積 S〔m²〕の金属板 2 枚を平行に向かい合わせたコンデンサにおいて、金属板間の距離が d〔m〕のときの静電容量が C_1〔F〕であった。その金属板間の距離を $2d$〔m〕にしたときの静電容量 C_2〔F〕として、正しいものはどれか。ただし、金属板間の誘電率は一定とする。

(1) $C_2 = \dfrac{1}{4}C_1$

(2) $C_2 = \dfrac{1}{2}C_1$

(3) $C_2 = 2C_1$

(4) $C_2 = 4C_1$

1級 **問題2** 図に示す回路において、コンデンサ C_1 に蓄えられる電荷〔μC〕として、正しいものはどれか。

(1) $100\,\mu\mathrm{C}$

(2) $120\,\mu\mathrm{C}$

(3) $500\,\mu\mathrm{C}$

(4) $600\,\mu\mathrm{C}$

$V = 5\,\mathrm{V}$　　$C_1 = 40\,\mu\mathrm{F}$　$C_2 = 60\,\mu\mathrm{F}$

解答・解説

問題1

金属板間の誘電体の誘電率を ε〔F/m〕とすると

$$C_1 = \frac{\varepsilon S}{d}\ \text{〔F〕} \qquad C_2 = \frac{\varepsilon S}{2d} = \frac{1}{2}C_1\ \text{〔F〕}$$

答　(2)

問題2

合成静電容量を C とすると

$$C = \frac{C_1 \times C_2}{C_1 + C_2} = \frac{40 \times 60}{40 + 60} = \frac{2\,400}{100} = 24\ \text{〔μF〕}$$

それぞれのコンデンサに蓄えられる電荷 Q は

$$Q = CV = 24 \times 5 = 120\ \text{〔μC〕}$$

答　(2)

理論9 磁力線とヒステリシスループ

😺 POINT 😺
磁界に関する基礎知識をマスターしておく。

1. 磁力線の性質
①磁力線の向きはその点の磁界の向きと同じである。
②磁力線の密度はその点の磁界の強さに等しい。
③N極から出てS極に入る。
④磁位の高い点から低い点に向かっている。

⑤磁力線の本数$=\dfrac{磁極の強さ \ m \ 〔Wb〕}{透磁率 \ \mu \ 〔H/m〕}$

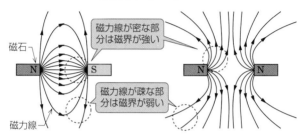

磁石

磁力線が密な部分は磁界が強い

N   S

N   N

磁力線が疎な部分は磁界が弱い

磁力線

2. ヒステリシスループ

　ヒステリシスループは、磁化曲線とも呼ばれ、磁界の強さH〔A/m〕の変化に対する磁束密度B〔T〕の変化を示した曲線である。最大磁束密度は、一番飽和しきっているところの磁束密度で、B_rを残留磁気、H_cを保磁力という。

●電磁石の条件：B_rが大きくてH_cが小さい磁性体
●永久磁石の条件：B_rもH_cも大きい強磁性体

　鉄心入りコイルに電流を流すと、ヒステリシス損が発生し、ヒステリシスループ内の面積に比例した電気エネルギーが鉄心中で熱として失われる。電磁石は面積が小さく、永久磁石は面積が大きい方がよい。

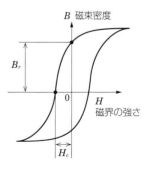

B 磁束密度

B_r

0

H_c

H 磁界の強さ

問題1 強磁性体に該当する物質として、適当なものはどれか。

(1) 銀　　　　　(2) 銅

(3) ニッケル　(4) アルミニウム

1級 **問題2** 図に示す強磁性体のヒステリシス曲線に関する記述として、誤っているものはどれか。

ただし、H；磁界の強さ〔A/m〕、B：磁束密度〔T〕

(1) 磁化されていない強磁性体に磁界を加え、その磁界を徐々に増加させたときの磁束密度は、Oからaに至る曲線に沿って増加する。

(2) 磁界の強さを$+H_m$から$-H_m$に変化させたときの磁束密度は、aからb、cを通りdに至る曲線に沿って変化する。

(3) ヒステリシス損は、ヒステリシス曲線内の面積に反比例する。

(4) B_rを残留磁気といい、H_cを保磁力という。

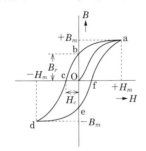

解答・解説

問題1

鉄、ニッケル、コバルトおよびその合金の多くは磁化される程度が著しいので、これらを**強磁性体**という。銀、銅、アルミニウムは導体である。

答 (3)

問題2

ヒステリシス損は、ヒステリシス曲線（ループ）内の面積に比例する。

答 (3)

☙ POINT ☙

フレミングの左手と右手の法則をマスターしておく。

1. フレミングの法則

左手の法則（電動機の原理）	右手の法則（発電機の原理）
電流の流れる方向を中指、磁界の方向を人指し指にとると、親指の方向に力が働く。	導体に加わる力の方向を親指、磁界の方向を人指し指にとると、中指の方向に誘導起電力が発生する。
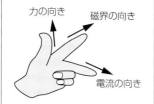	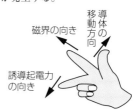
（覚え方：電流、磁界、力から**電磁力**と覚える！） **電磁力 $F = BIl$ 〔N〕** B：磁束密度〔T〕 I：電流〔A〕 l：導体の長さ〔m〕	（覚え方：起電力、磁界、力から**起磁力**と覚える！） **誘導起電力 $e = Blv$ 〔V〕** B：磁束密度〔T〕 l：導体の長さ〔m〕 v：導体の移動速度〔m/s〕

2. アンペアの法則

アンペアの右ねじの法則	直線電流による磁界の強さ
右ねじの進む方向に電流を流したとき、ねじの回転方向に磁界ができる。	直線導体に電流 I〔A〕を流すと、導体から半径 r〔m〕の円周上の**磁界の強さ H** は、 $H = \dfrac{I}{2\pi r}$ 〔A/m〕 となる。
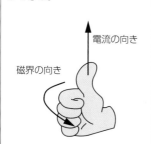	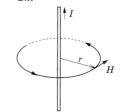

問題1 図のように磁極間に置いた導体に電流を流したとき、導体に働く力の方向として、正しいものはどれか。ただし、電流は紙面の表から裏へ向かう方向に流れるものとする。

(1) a
(2) b
(3) c
(4) d

1級 **問題2** 図に示す磁界中の導線に電流を流したとき、導線に働く電磁力 F 〔N〕の値として、正しいものはどれか。ただし、磁束密度 $B = 2.5\,\text{T}$、導線の長さ $L = 0.4\,\text{m}$、導線に流れる電流 $I = 20\,\text{A}$、磁界の向きと導線の角度 $\theta = 60°$ とする。

(1) 10
(2) $10\sqrt{3}$
(3) 20
(4) $30\sqrt{3}$

解答・解説

問題1

フレミングの左手の法則を適用すると、導体に働く力の方向（親指）は、下向きの c 方向となる。

(参考) 紙面の表から裏へ向かう方向を⊗（クロス）で表し、**紙面の裏から表に向かう方向を⊙（ドット）で表す。NS の配置が SN であったり、電流の向きが⊙の問題には注意しよう。**

答 (3)

問題2

電磁力 F は

$$F = BIL\sin\theta = BIL\sin 60°$$
$$= 2.5 \times 20 \times 0.4 \times \frac{\sqrt{3}}{2} = 10\sqrt{3}\ \text{〔N〕}$$

(参考) 電磁誘導に関するファラデーの法則

電磁誘導によって生じる誘導起電力の大きさは、コイルを貫く磁束の時間的に変化する量と、コイルの巻数の積に比例する。

答 (2)

☙ POINT ☙

2本の導体間に働く電磁力とインダクタンスの概念についてマスターしておく。

1. 平行導体間に働く力

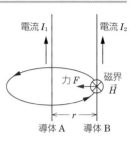

導体Aの作る磁界の方向は、アンペアの右ねじの法則より⊗方向で、導体Bに働く力の方向はフレミングの左手の法則を適用して吸引力となる。

空気中に距離 r〔m〕を隔てた長さ l〔m〕の平行導体に電流 I_1〔A〕と I_2〔A〕を流すと、導体間に働く電磁力 F は

$$F = \frac{2I_1 I_2}{r} l \times 10^{-7} \text{〔N〕}$$

となる。電磁力は、**電流 I_1 と I_2 が同方向の場合には吸引力、反対方向の場合には反発力**となる。

2. インダクタンス

①**自己インダクタンス**：図のように、巻数 N のコイルに電流 I〔A〕を流し、鉄心中に磁束 Φ〔Wb〕が通過したときの磁束鎖交数は $N\Phi$ で、コイルの自己インダクタンス L は、次式で表される。

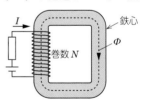

$$L = \frac{N\Phi}{I} \text{〔H〕}$$

自己インダクタンスは、**巻数 N の2乗に比例し、鉄心の透磁率 μ に比例**する。

②**相互インダクタンス**：環状鉄心に巻数 N_1、N_2 の2つのコイルが巻かれているとき、相互インダクタンス M〔H〕は $N_1 \times N_2$ に比例し、鉄心の透磁率 μ に比例する。

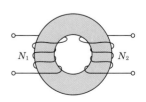

問題1 図に示す平行導体イ、ロに電流を流したとき、導体イに働く力の方向として、正しいものはどれか。ただし、導体イには紙面の表から裏に向かう方向に、導体ロには紙面の裏から表に向かう方向に電流が流れるものとする。

(1) a
(2) b
(3) c
(4) d

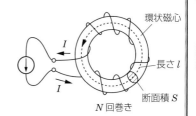

問題2 図に示す磁路の長さ l〔m〕、磁路の断面積 S〔m²〕、透磁率 μ〔H/m〕の環状鉄心に巻数 N のコイルがあるとき、コイルの自己インダクタンス L〔H〕を表す式として、正しいものはどれか。ただし、磁束の漏れはないものとする。

(1) $L = \dfrac{\mu S N^2}{l}$ 〔H〕

(2) $L = \dfrac{l}{\mu S N^2}$ 〔H〕

(3) $L = \dfrac{\mu S l}{N^2}$ 〔H〕

(4) $L = \dfrac{N^2}{\mu S l}$ 〔H〕

環状磁心
長さ l
断面積 S
N 回巻き

解答・解説

問題1
導体ロの電流により、導体イには c 方向の磁界ができる。導体イにフレミングの左手の法則を適用すると、導体に働く力の方向（親指）は、左向きの d 方向となる。
(注意) このタイプの問題は、実際に自分の左手を使って確認することが大切である。

答 (4)

問題2
コイルの自己インダクタンス L は、**巻数 N の2乗に比例し**、鉄心の透磁率に比例する。

答 (1)

☺ POINT ☺

アナログ計器である指示電気計器についてマスターする。

1. 指示電気計器の種類

指示電気計器は、測定量を指針の振れで示す計器である。

計器の形名	記 号	直流交流用 の 別	計器の形名	記 号	直流交流用 の 別
可 動 コイル形		直流専用	静 電 形		交直両用
可動鉄片形		交流専用	誘 導 形		交流専用
電流力計形	空心	交直両用	振動片形		交流専用
整 流 形		交流専用	可動コイル 比率計形		直流専用
熱 電 形	直熱 絶縁	交直両用	電流力計 比率計形	空心	交直両用

2. 代表的な指示電気計器の特徴

●**可動コイル形**：可動コイルに流れる電流と永久磁石の磁界との間の**電磁力**を利用した**直流専用計器**である。

●**可動鉄片形**：**可動鉄片と固定鉄片との反発力**を利用したもので、**構造が簡単で、丈夫で安価な交流専用計器**である。

●**電流力計形**：固定コイルの電流による磁界と可動コイルの電流との間の**電磁力**を利用したもので、**電力計**に使用される。直流と交流の両用可能である。

●**静電形**：固定電極と可動電極間の**静電力が電圧の 2 乗に比例**し、直流と交流の両用可能で高電圧測定に用いられる。

●**熱電形**：測定電流で熱せられる抵抗線の熱を熱電対で**熱起電力**として取り出し、可動コイル形計器で測定する。熱を利用するため、直流と交流の両用可能である。

●**誘導形**：移動磁界により円板に生じる渦電流と磁界との間で**発生する電磁力を利用した交流専用計器**で、**電力量計**に用いられている。

●**整流形**：**交流専用計器**で、平均値×正弦波の波形率で目盛を定めているので、**ひずみ波では測定誤差が大きい**。

問題1 動作原理により分類した指示電気計器の記号と名称の組合せとして、適当なものはどれか。

(1) 可動鉄片形計器　(2) 静電形計器

(3) 電流力計形計器　(4) 永久磁石可動コイル形計器

1級 **問題2** 指示電気計器の動作原理に関する記述として、不適当なものはどれか。

(1) 誘導形計器は、固定電極と可動電極との間に生ずる静電力の作用で動作する計器である。

(2) 熱電形計器は、測定電流で熱せられる1つ以上の熱電対の起電力を用いる熱形計器である。

(3) 永久磁石可動コイル形計器は、固定永久磁石の磁界と可動コイル内の電流による磁界との相互作用によって動作する計器である。

(4) 電流力計形計器は、固定コイルと可動コイルに測定電流を流し、固定コイル内の電流による磁界と可動コイルの電流との相互作用によって動作する計器である。

解答・解説

問題1

・(2) の記号は可動コイル形計器である。

・(3) の記号は静電形計器である。

・(4) の記号は電流力計形計器である。　　　　**答 (1)**

問題2

・交流の磁界中に導体を置くと電磁誘導作用によって導体に渦電流が流れる。この渦電流と磁界の相互作用によって駆動トルクを発生させ計測する計器が**誘導形計器**で、電力量計などに使用されている。

・**静電形計器**は、固定電極と可動電極との間に生じる静電力の作用で動作する計器で、高電圧の測定に用いられる。

　　　　　　　　　　　　　　　　　　　　　　答 (1)

😺 POINT 😺

大電流を測定するための分流器、高電圧を測定するための倍率器についてマスターする。

1. 分流器

電流計の測定範囲を拡大するため、**電流計に並列に接続**して、**大電流を測定する**。

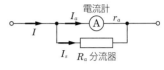

測定したい電流を I〔A〕、電流計Ⓐの電流を I_a〔A〕、電流計の内部抵抗を r_a〔Ω〕、分流器の抵抗を R_a〔Ω〕とすると、端子電圧は一定であるので

$$\frac{r_a R_a}{r_a + R_a} I = r_a I_a$$

となる。したがって

分流器の倍率 $m_a = \dfrac{測定電流}{電流計の電流} = \dfrac{I}{I_a} = 1 + \dfrac{r_a}{R_a}$〔倍〕

2. 倍率器

電圧計の測定範囲を拡大するため、**電圧計に直列に接続**して、**高電圧を測定する**。

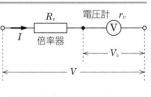

測定したい電圧を V〔V〕、電圧計Ⓥの端子電圧を V_v〔V〕、電圧計の内部抵抗を r_v〔Ω〕、倍率器の抵抗を R_v〔Ω〕とすると、電流は一定であるので

$$\frac{V}{R_v + r_v} = \frac{V_v}{r_v}$$

となる。したがって

倍率器の倍率 $m_v = \dfrac{測定電圧}{電圧計の電圧} = \dfrac{V}{V_v} = 1 + \dfrac{R_v}{r_v}$〔倍〕

問題1 図のように可動コイル形電流計に抵抗 R〔Ω〕の分流器を接続したとき、この分流器の倍率 m を表す式として、正しいものはどれか。ただし、r〔Ω〕は、電流計の内部抵抗とする。

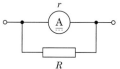

(1) $m = 1 - \dfrac{r}{R}$　(2) $m = 1 - \dfrac{R}{r}$

(3) $m = 1 + \dfrac{r}{R}$　(4) $m = 1 + \dfrac{R}{r}$

問題2 図に示す、内部抵抗 10 kΩ、最大目盛 20 V の永久磁石可動コイル形電圧計を使用し、最大 200 V まで測定するための倍率器の抵抗 R_m〔kΩ〕の値として、正しいものはどれか。

(1) 10 kΩ
(2) 90 kΩ
(3) 100 kΩ
(4) 900 kΩ

R_m ── (V) ──

解答・解説

問題1

測定回路の電流を I〔A〕とすると、電流計に流れる電流 I_a は、分流計算が適用できるので

$$I_a = I \times \frac{R}{R+r} \quad \therefore m = \frac{I}{I_a} = \frac{R+r}{R} = 1 + \frac{r}{R}$$

答 (3)

問題2

測定回路の電圧 V〔V〕と電圧計に加わる電圧 V_v は、電流が一定であることから、抵抗に比例するので

$$V : V_v = (R_m + 10) : 10 \rightarrow 10V = (R_m + 10)V_v$$

$$\therefore R_m = \frac{10V}{V_v} - 10$$

$$= \frac{10 \times 200}{20} - 10 = 90 \text{〔kΩ〕}$$

答 (2)

☻ POINT ☻

ブリッジ回路による抵抗の測定、電力と電力量の測定について
マスターする。

1. 抵抗の測定

図はホイートストン・ブリッジで、
Ⓖは検流計である。検流計に流れる電
流が0Aのとき、ブリッジは平衡して
いる。

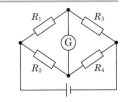

平衡状態では、4つの抵抗の間に次
の関係が成り立つ。

$R_1 R_4 = R_2 R_3$ （斜め同士の積が等しい）

2. 単相電力の測定

電圧を V 〔V〕、負荷電流を
I 〔A〕、負荷力率を $\cos\theta$ とする
と、電力計Ⓦの読みは負荷電力
P を表す。

$P = VI\cos\theta$ 〔W〕

であるので

負荷力率 $\cos\theta = \dfrac{P}{VI}$

となる。

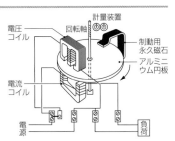

3. 電力量の測定

計器定数が K（1kW・h
当たりの円板の回転数）
〔rev/(kW・h)〕の単相2
線式の電力量計を接続
し、電圧 V 〔V〕、電流
I 〔A〕、力率 $\cos\theta$ の負荷
を T 〔h〕 使用したとき
の電力量 W は

$W = VI\cos\theta \times T \times 10^{-3}$ 〔kW・h〕

であるので、電力量計の回転数 N は

$N = KW$ 〔rev〕（回）

となる。

問題1 図に示すホイートストンブリッジ回路において、可変抵抗 R_1 を 12.0Ω にしたとき、検流計Ⓖに電流が流れなくなった。このときの抵抗 R_x の値として、正しいものはどれか。ただし、$R_2 = 8.0$Ω、$R_3 = 15.0$Ω とする。

(1) 0.1Ω
(2) 6.4Ω
(3) 10.0Ω
(4) 22.5Ω

問題2 単相2線式の定格電圧 100V の誘導形電力量計が、電圧 100V、電流 10A、力率 0.6 の回路に接続されているとき、円板が 1 000 回転する時間として、正しいものはどれか。ただし、電力量計の計器定数（1kW・h 当たりの円板の回転数）は 2 000 rev/(kW・h) とする。

(1) 18分　(2) 20分　(3) 30分　(4) 50分

解答・解説

問題1
・検流計Ⓖの電流が 0〔A〕であるので、ブリッジは平衡状態にある。
・平衡状態では、$R_1 R_2 = R_3 R_x$ である。

$$\therefore R_x = \frac{R_1 R_2}{R_3} = \frac{12 \times 8}{15} = 6.4 \,〔\Omega〕$$

答 (2)

問題2
・計器定数が 2 000〔rev/(kW・h)〕であるので、円板が 1 000 回転すると 0.5〔kW・h〕の電力量を消費している。
・回路の消費電力 P は

$$P = VI\cos\theta = 100 \times 10 \times 0.6 = 600 \,〔W〕= 0.6 \,〔kW〕$$

・求める時間を t〔分〕とすると

$$0.6 \,〔kW〕\times \frac{t}{60} \,〔h〕= 0.5 \,〔kW・h〕$$

$$\therefore t = \frac{0.5 \times 60}{0.6} = 50 \,〔分〕$$

答 (4)

😃 POINT 😃

代表的な効果についてマスターする。

1. 代表的な効果

代表的な効果は、下表のとおりである。

名　称	説明図	説　明
ゼーベック効果	金属A / 熱起電力 / 低温　高温 / 金属B	2種類の異なる金属で閉回路を作り、2つの接合点を異なる温度に保つと**熱起電力**が発生する。
ペルチェ効果	金属A / 吸収　電流　発熱 / 金属B	2種類の異なる金属で閉回路を作り、電流を流すと接合点の一方で**熱が発生**し、他方で**熱の吸収**が起こる。
トムソン効果	$\leftarrow\Delta T\rightarrow$ T_1 T_2 / 発熱(吸熱) I	温度こう配のある（加熱によって温度差が発生した）導体に電流を流すと、導体に**発熱または吸熱**が発生する。
ホール効果	磁界 / ホール電圧 / 電流	金属や半導体に電流と**直角に磁界**を加えると、どちらにも直角な**方向に起電力**を生じる。
ピンチ効果	流体の導体に電流を流すと、導体断面に磁界ができ、この磁界が電流を締め付けるように働いて**導体がくびれ収縮する**。	
表皮効果	交流電流の周波数を高くすると、電流は導体の表面部に集中して流れる。表皮効果は、**周波数が高く、導電率が大きく、透磁率が大きく、断面積が大きい**ほどより顕著となる。	

問題1 熱電効果に関する次の文章に該当する用語として、適当なものはどれか。

「異なる2種類の金属導体を接続して閉回路を作り電流を流すと、一方の接合点では発熱し、他方の接合点では吸熱する現象」

 (1) トムソン効果
 (2) ペルチェ効果
 (3) ゼーベック効果
 (4) ホール効果

1級 **問題2** ペルチェ効果に関する記述として、適当なものはどれか。

 (1) 異なった金属を接続して電流を流すと、接続点で熱の放出または吸収を起こす現象
 (2) 超伝導状態において、磁界を導体の外にはじき出す現象
 (3) 交流電流の周波数を高くすると、電流が導体の周辺部に集まる現象
 (4) 金属または半導体に電流を流し、電流に垂直に磁界を加えると、電流と磁界の両者に垂直な方向に電界が生じる現象

解答・解説

問題1

ペルチェ効果は、電気を熱に変換できるので、**電子冷凍**に使用される。**トムソン効果**は、温度こう配のある導体に電流を流したとき、導体に熱の発熱または吸熱が発生するものである。

答　(2)

問題2

・次のように太字部がキーワードとなり、ペルチェ効果であることがわかる。「**異なった金属を接続**して**電流を流す**と、接続点で**熱の放出または吸収**を起こす現象」
(2) はマイスナー効果である。
(3) は表皮効果である。
(4) はホール効果である。

答　(1)

😋 POINT 😋

水力発電でのダムや水の流れの経路、水車の種類についてマスターしておく。

1. 水力発電所の水の流れ

水の流れの経路は、取水口→水圧管路→水車→放水口の順である。

コンクリート重力ダム

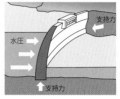

アーチダム

2. 水車の種類

・水車には、衝動水車と反動水車があり、水車に直結した発電機を回して発電する。

・**衝動水車**→水の**速度水頭を利用**して水車を回転させる。

・**反動水車**→水の**圧力水頭を利用**して水車を回転させる。

$$
\text{水車の種類}
\begin{cases}
\text{衝動水車}
\begin{cases}
\text{ペルトン水車} \\
\text{ターゴインパルス水車}
\end{cases} \\[2em]
\text{反動水車}
\begin{cases}
\text{フランシス水車} \\
\text{斜流水車（デリア水車は可動羽根）} \\
\text{フロペラ水車（カプラン水車は可動羽根）}
\end{cases}
\end{cases}
$$

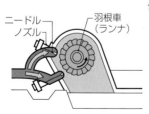

図1 衝動水車（ペルトン）

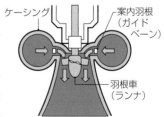

図2 反動水車（カプラン）

問題1 発電用に用いられる次の文章に該当するダムの名称として、適当なものはどれか。

「コンクリートで築造され、水圧などの外力を主に両岸の岩盤で支える構造で、両岸の幅が狭く岩盤が強固な場所に造られる。」

 (1) アースダム   (2) アーチダム
 (3) バットレスダム (4) ロックフィルダム

問題2 水力発電所の発電用水の経路の順序として、正しいものは。

 (1) 水圧管路→取水口→水車→放水口
 (2) 取水口→水車→水圧管路→放水口
 (3) 取水口→水圧管路→水車→放水口
 (4) 取水口→水圧管路→放水口→水車

問題3 水力発電に用いられる水車形式と動作原理による分類の組合せとして、不適当なものはどれか。

	水車形式	動作原理による分類
(1)	ペルトン水車	衝動水車
(2)	フランシス水車	衝動水車
(3)	斜流水車	反動水車
(4)	プロペラ水車	反動水車

解答・解説

問題1

・**アースダム**：堤体の大部分を土質材料で作る。
・**アーチダム**：コンクリートで築造され、上流部に反った形状である。
・**バットレスダム**：水の力を鉄筋コンクリートの板で受け止め、コンクリートの擁壁と柱で支える。
・**ロックフィルダム**：水をせき止める土を芯とし、水の力を受け止める岩（ロック）を配置している。 **答 (2)**

問題2

水の流れは、**取水口→水圧管路→水車→放水口**の順である。
 答 (3)

問題3

フランシス水車は、反動水車である。 **答 (2)**

☻ POINT ☻

水力発電所の衝動水車と反動水車の設備的な特徴と比速度についてマスターしておく。

1. 衝動水車と反動水車の主な設備

（1）衝動水車に特有な設備

①バケット：ニードル弁からの噴射水を受け、衝撃力をディスクに伝える。

②ニードル弁：前後進して水量の加減を行う。

③デフレクタ：負荷の急変や発電機の停止時に、ノズルから出る水をバケットからそらせ、速度上昇を抑制する。

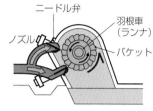

（2）反動水車に特有な設備

①ガイドベーン：案内羽根のことで、ランナへの流入水量を開度で調節する。

②吸出管：ランナと放水面との落差を有効に活用し、損失水頭を小さくするため、**運動エネルギーを位置エネルギーとして回収する。**

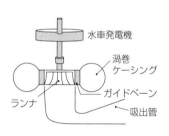

1級 2. 水車の比速度

比速度とは、「**ある水車と幾何学的に相似形を保って大きさを変え、落差 1 m で出力 1 kW を発生させたときの毎分の回転速度**」で、単位は（$\min^{-1}$、kW、m）である。比速度は、衝動水車より反動水車の方が大きな値である。

1級 3. 調速機

水車の回転速度および出力を調整するため、水車の回転速度変化に応じて自動的に水口開度（衝動水車ではニードル、反動水車ではガイドベーン）を調整する装置である。

負荷の変化に応じた流量を送り込むことで、**周波数を一定に保つ**働きをする。

問題1 ペルトン水車に関する記述として、不適当なものはどれか。

(1) ペルトン水車は、ノズルから流出するジェットをランナに作用させるものである。

(2) ペルトン水車のランナは、ジェットを受けるバケットと、バケットの取付け部であるディスクとからなる。

(3) ペルトン水車のノズル内には、負荷に応じて使用流量を調整するためのニードルが設けられる。

(4) ペルトン水車には、ランナの出口から放水面までの接続管として吸出管が設置される。

1級 **問題2** フランシス水車に関する記述として、不適当なものはどれか。

(1) 吸出管があるので、排棄損失が少ない。

(2) プロペラ水車と比較して、高い落差まで使用できる。

(3) カプラン水車と比較して、部分負荷での効率低下が少ない。

(4) ペルトン水車と比較して、高落差領域で比速度を大きくとれる。

解答・解説

問題1

吸出管が設置されるのは、**反動水車**である。ペルトン水車は衝動水車であるので、吸出管はない。 　　**答（4）**

問題2

ペルトン水車、デリア水車、カプラン水車は、部分負荷運転でも効率の低下が少ない。しかし、**フランシス水車やプロペラ水車は固定羽根であるため、負荷が小さくなって流量が小さくなると効率は低下する。**

(**参考**) 反動水車のうち、図のようなカプラン水車やデリア水車は、可動羽根構造であり、羽根の角度を最も効率のよい角度に変えられる。

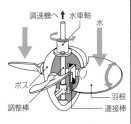

答（3）

☺POINT☺
水撃作用とキャビテーションについてマスターしておく。

1級 1. 水撃作用と防止対策

水撃作用（ウォータハンマ）とは？

　水力発電所において、水車に流入している水を水車入口弁で急に遮断すると、流水のもつ運動エネルギーのために水圧管路内に高い圧力が発生する。この圧力は水圧管路上部の開放端と下部の閉鎖端との間で反復伝搬する。

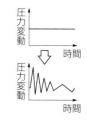

圧力変動 → 時間

圧力変動 → 時間

　水撃作用は、**流速変化が大きく、水圧管路が長いほど、水車入口弁の閉鎖時間が短いほど大きい。**

水撃作用の軽減対策

①圧力水路と水圧管の間に**サージタンク**を設ける。

②ペルトン水車では、**デフレクタ**を使用して、ニードル弁を徐々に閉じる。

③反動水車では、水車ケーシングから排水し、圧力上昇を抑える**制圧機**を設ける。

1級 2. キャビテーションと防止対策

キャビテーションとは？

　水車の流水中に、そのときの**水温の飽和蒸気圧以下の圧力の部分**が生じると、その部分に**気泡が生じ**、これが水圧の高い部分に達すると**瞬間的に潰れ、大きな衝撃が発生**する現象である。

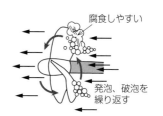

腐食しやすい

発泡、破泡を繰り返す

　キャビテーションが発生すると、**振動や騒音**が生じて、**効率や出力の低下**を招くほか、流水に接する部分に**壊食**が生じる。

キャビテーションの防止対策

①水車の比速度を大きくし過ぎない。

②反動水車では、吸出高さをあまり高くしない。

③吸出管上部に適量の空気を注入して、**真空度の低減**を図る。

④ランナ羽根を耐摩耗性材料とし、表面を平滑に仕上げる。

⑤水車を過度の部分負荷で運転しない。

1級 **3. 負荷遮断試験**

　　水車発電機の設置が完成したときに行う試験で、負荷を急に遮断して水車の回転速度が異常に上がり過ぎないか、水撃作用で水圧管路の圧力が異常に上がり過ぎないかを確認する試験である。最初に定格出力の **1/4 の負荷**をかけて試験をし、問題がなければ **2/4、3/4、4/4（定格出力）**の順番で試験を行う。

1級 **問題1** 水力発電におけるダム水路式の水圧管に発生する水撃圧を抑制する対策として、不適当なものはどれか。
- （1）圧力水路と水圧管の間にサージタンクを設ける。
- （2）水車の入口弁の閉鎖に要する時間を短くする。
- （3）水圧管の流速を遅くする。
- （4）水圧管を短くする。

1級 **問題2** 水力発電所の反動水車に発生するキャビテーションの防止対策に関する記述として、最も不適当なものはどれか。
- （1）水車の比速度を大きくする。
- （2）吸出高さをあまり高くしない。
- （3）ランナ羽根の表面を平滑に仕上げる。
- （4）水車を過度の部分負荷で運転しない。

解答・解説

問題1

水撃作用は、流速変化が大きく、水圧管の長さが長いほど、**水車入口弁を閉鎖する時間が短いほど大きくなる**。したがって、水撃作用の対策として、水車の入口弁の閉鎖時間を長くしなければならない。　　　　　　　　　　　　　　　　　　　**答（2）**

問題2

キャビテーションを生じさせないためには、水車の比速度を大きくし過ぎないようにする。　　　　　　　　　　　　　　　　**答（1）**

☺ POINT ☺

水力発電所の出力と揚水所要電力の計算方法についてマスターしておく。

1. 水力発電所の出力

　水力発電所は、高いところにある水の位置エネルギーを利用して、水車で回転する機械エネルギーに変え、発電機を回して電力を発生する。流量を Q〔m³/s〕、有効落差を H〔m〕、水車効率を η_t、発電機効率を η_g とすると、発電所出力 P は次式で求められる。

発電所出力 $P = 9.8QH\eta_t\eta_g$〔kW〕

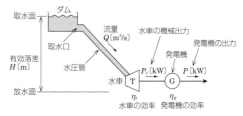

2. 揚水所要電力（電動機入力）

　揚水発電所では、上部および下部に調整池を設け、深夜その他の**軽負荷時**に余剰電力を利用して下池の水をポンプでくみ上げて**揚水**し、上池に貯留する。昼間の**ピーク時間帯**に、上池に貯留された水を用い**発電**する。くみ上げる流量を Q〔m³/s〕、全揚程を H〔m〕、ポンプ効率を η_p、電動機効率を η_m とすると、揚水所要電力 P は次式で求められる。

揚水所要電力 $P = \dfrac{9.8QH}{\eta_p\eta_m}$〔kW〕

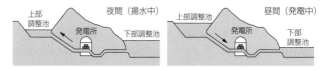

（**参考**）揚水発電所では、発電機と電動機は同期発電電動機として、ポンプと水車はポンプ水車として共用している。

1級 **問題1** 水力発電所において、最大出力 98 MW を発電するために必要な流量として、適当なものはどれか。ただし、有効落差は 250 m とし、水車効率と発電機効率を総合した効率を 80 % とする。

(1) 30 m³/s
(2) 50 m³/s
(3) 300 m³/s
(4) 500 m³/s

問題2 全揚程が H 〔m〕、揚水量が Q 〔m³/s〕である揚水ポンプの電動機の入力〔kW〕を示す式は。ただし、電動機の効率を η_m、ポンプの効率を η_p とする。

(1) $\dfrac{9.8QH}{\eta_p\eta_m}$ (2) $\dfrac{QH}{9.8\eta_p\eta_m}$

(3) $\dfrac{9.8H\eta_p\eta_m}{Q}$ (4) $\dfrac{QH\eta_p\eta_m}{9.8}$

解答・解説

問題1

・流量を Q 〔m³/s〕、有効落差を H 〔m〕、水車効率を η_t、発電機効率を η_g とすると、発電所の出力 P は

発電所出力 $P = 9.8QH\eta_t\eta_g$ 〔kW〕

で表される。総合効率 $\eta = \eta_t\eta_g$ であるので

$P = 9.8QH\eta$ 〔kW〕

・流量 $Q = \dfrac{P}{9.8H\eta} = \dfrac{98\times10^3}{9.8\times250\times0.8} = 50$ 〔m³/s〕

答 (2)

問題2

揚水量を Q 〔m³/s〕、全揚程を H 〔m〕、電動機の効率を η_m、ポンプの効率を η_p とすると、揚水ポンプの電動機の入力 P は

$P = \dfrac{9.8QH}{\eta_p\eta_m}$ 〔kW〕

で表される。

答 (1)

☻ POINT ☻

汽力発電所の基本サイクルであるランキンサイクルについてマスターしておく。

1. ランキンサイクルと設備

ランキンサイクルは、**給水ポンプ→節炭器→ボイラ→過熱器→タービン→復水器**の繰返しサイクルである。

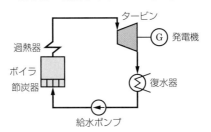

① **給水ポンプ**：ボイラに水を供給する。

② **ボイラ**：燃料を燃焼させ、水から**飽和蒸気**を作る。

③ **過熱器**：飽和蒸気を過熱して、乾燥した**高温高圧**の過熱蒸気とする。

④ **タービン**：羽根に蒸気を当てて、熱エネルギーを機械エネルギーに変換する。タービンに直結した発電機で電力を取り出す。

⑤ **復水器**：タービンの排気蒸気を冷却水で冷却凝縮して水に戻して復水を回収する。内部の圧力を低くする（**真空度を高くする**）ことで、タービンの入口蒸気と出口蒸気の圧力差を大きくし、タービンの効率を高める。

2. 汽力発電所の空気の流れ

汽力発電所の空気の流れは、次のとおりである。

押込通風機→火炉→過熱器→節炭器→空気予熱器
→集じん装置→誘引通風機→煙突

① **節炭器**：煙道ガスの余熱を利用し給水を加熱する。

② **空気予熱器**：煙道排ガスの余熱を利用して燃焼用空気を加熱する。

③ **集じん装置**：ばい煙中の浮遊粒子を除去する。

問題1 図に示す汽力発電の熱サイクルにおいて、アとイの名称の組合せとして、適当なものはどれか。

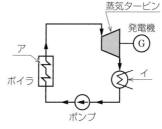

	ア	イ
(1)	過熱器	復水器
(2)	過熱器	節炭器
(3)	再熱器	復水器
(4)	再熱器	節炭器

1級 **問題2** 汽力発電所の機器に関する記述として、最も不適当なものはどれか。

(1) 節炭器（エコノマイザ）は、石炭を粉末にしてバーナから炉内に吹き込み浮遊燃焼させる。

(2) 空気予熱器は、煙道排ガスで燃焼用空気を加熱し燃焼効率を向上させる。

(3) 復水器は、タービンの排気蒸気を冷却凝縮するとともに水として回収する。

(4) 給水加熱器は、タービンの抽気またはそのほかの蒸気でボイラへの給水を加熱する。

解答・解説

問題1

・設問図のランキンサイクルのアは過熱器、イは復水器である。

・ランキンサイクルを、圧力 P と体積 V の変化を示す P-V 線図は右図のようになる。

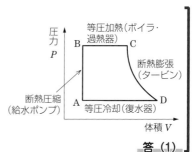

答 (1)

問題2

石炭を粉末にしてバーナから炉内に吹き込み浮遊燃焼させるのは、**微粉炭燃焼装置**である。　　　　　　　　　　**答 (1)**

☺ POINT ☺

汽力発電所の熱効率の向上対策としての再熱サイクルや再生サイクル、コンバインドサイクル発電をマスターする。

1. 再熱サイクルと再生サイクル

ランキンサイクルをさらに熱効率向上させたものに、再熱サイクル、再生サイクル、両者を組み合わせた再熱再生サイクルがある。

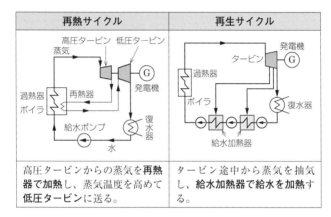

再熱サイクル	再生サイクル
高圧タービンからの蒸気を**再熱器**で加熱し、蒸気温度を高めて**低圧タービン**に送る。	タービン途中から蒸気を抽気し、**給水加熱器で給水を加熱**する。

2. コンバインドサイクル発電

図のように、ガスタービンと蒸気タービンを組み合わせた発電方式で、**熱効率が50%以上**と高い。サイクル全体の動作フローは以下のとおりで、役割分担は高温域ではガスタービン、低温域では蒸気タービンである。

①**空気圧縮機**で、高温高圧の圧縮空気を作る。

②**燃焼器**からの燃焼ガスでガスタービンを回す。

③ガスタービンの排気余熱を**排熱回収ボイラ**で回収する。

④回収した余熱を使って**蒸気タービン**による発電を行う。

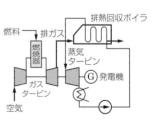

問題1 汽力発電の熱サイクルに関する次の文章に該当する用語として、適当なものはどれか。

「タービン内で断熱膨張している蒸気が湿り始める前にタービンより蒸気を取り出し、再びボイラへ送って再加熱し、過熱度を高めてから再びタービンに送って、最終圧力まで膨張させるサイクル」

  (1) 再熱サイクル   (2) 再生サイクル
  (3) ランキンサイクル   (4) 再熱再生サイクル

1級 **問題2** コンバインドサイクル発電に関する記述として、不適当なものはどれか。

  (1) 排気再燃形より排熱回収形が主流となっている。
  (2) 蒸気タービンによる汽力発電と比べて、起動・停止時間が短い。
  (3) 蒸気タービンによる汽力発電と比べて、熱効率が低い。
  (4) 蒸気タービンによる汽力発電と比べて、単位出力当たりの温排水量が少ない。

（解答・解説）

問題1

・**再加熱**のキーワードから再熱サイクルである。
・再生サイクルは、「蒸気がタービン内で膨張する途中を数段に分け、一部をタービン外に抽出して、これをボイラの給水加熱に用いることによって熱効率を向上させるサイクル」である。 **答 (1)**

問題2

蒸気タービンによる汽力発電と比較したコンバインドサイクル発電の特徴は、以下のとおりである。
①汽力発電所の熱効率は **40%程度**に対し、**コンバインドサイクルの熱効率は 50%以上**と高い。
②温排水量が少なく、起動、停止時間が短い。
③大気温度の変化が、出力に与える影響が大きい。
（参考） ディーゼルエンジンやガスエンジンなどから**電気と熱を同時に取り出すシステムはコージェネレーションシステム**（熱電併給システム）である。 **答 (3)**

😈 POINT 😈

原子力発電については、概要を知る程度でよい。

1級 1. 原子炉の構成材

原子力発電所は、ウラン 235 を原子炉で核分裂させ、発生した熱で蒸気を作る。熱の発生には、3～5%程度に低濃縮したウラン 235 の核分裂エネルギーを使用している。

構　成	役　割	構成材の種類
燃料棒	核分裂で熱を発生させる。	ウラン 235、プルトニウム
減速材	核分裂で生じた高速中性子を減速し、核分裂しやすい熱中性子にする。	軽水、重水、黒鉛
冷却材	核分裂で発生した熱を炉外に効率よく取り出す。	軽水、重水、ナトリウム、ヘリウム
制御材	炉内の中性子を吸収し核分裂の連鎖反応を制御する。	ほう素、カドミウム、ハフニウム
反射材	炉心から漏えいする中性子を炉心に送り返す。	軽水、重水
遮へい材	放射線を炉内に閉じ込める。	コンクリート

1級 2. 原子炉の種類と特徴

商業炉として、BWR や PWR の軽水炉が採用されている。

沸騰水型原子炉 （BWR）	加圧水型原子炉 （PWR）
原子炉内で発生させた蒸気を直接タービンに送る。	原子炉内で発生した高温・高圧の熱湯を**蒸気発生器**に送り、熱交換させた蒸気をタービンに送る。

問題1 1級 原子力発電所における原子炉に関する記述として、不適当なものはどれか。

(1) 減速材は、炉の内部の放射線が外部に漏れるのを防ぐ。

(2) 反射材は、炉心から外に出ようとする中性子を反射して炉心に返す。

(3) 冷却材は、伝熱媒体として核分裂によって発生した熱を外部に運び出す。

(4) 制御材は、原子炉中で核分裂により生じた中性子の数を適切に保ち、炉の出力を制御する。

問題2 1級 沸騰水型原子炉に関する記述として、最も不適当なものはどれか。

(1) 減速材および冷却材として、軽水を使用している。

(2) 加圧水型原子炉と比較すると、原子炉圧力容器内の圧力は高くなる。

(3) 同じ出力の加圧水型原子炉と比較すると、原子炉圧力容器は大きくなる。

(4) 原子炉圧力容器からタービンに直接蒸気を送る直接サイクルを採用している。

解答・解説

問題1

炉の内部の放射線が外部に漏れるのを防ぎ、運転員などの人体保護を行うのは、遮へい材である。　　　　　　　　**答 (1)**

問題2

・商用原子炉には、沸騰水型と加圧水型があり、沸騰水型では、タービンを駆動する蒸気を原子炉容器内で直接発生させる。

・加圧水型原子炉は、加圧器で原子炉圧力容器内の圧力を高め、沸点を高くしている。

・沸騰水型は、同じ出力の加圧水型より原子炉容器の鋼板は薄くなる。

・沸騰水型は、炉内の気泡（ボイド）の分布調整により原子炉の反応度を調節し、加圧水型は、ほう酸濃度の調整により行う。　　　　　　　　**答 (2)**

☻ POINT ☻

新エネルギー発電の概要をマスターしておく。

1. 太陽光発電

①半導体の **pn 接合部**に光を
当てると光起電力効果によ
り直流起電力が発生する。

②主として多量生産に適した
多結晶シリコンが用いら
れ、エネルギーの**変換効率**
は **20%以下**である。

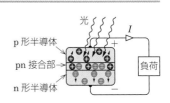

③太陽光発電を配電系統に連系する場合は、**パワーコンディ
ショナ**を設ける。パワーコンディショナには、**インバータに
よる交流変換機能**と**系統連系保護機能**がある。

2. 風力発電

①風の**運動のエネルギー**を
利用して風車を回し、増
速機で回転速度を上げ、
発電機で**電気エネルギー
に変換**する。

②風車の出力は、受風断面
積に比例し、回転速度の **3 乗**に比例する。

③主に水平軸形のプロペラ形風車が用いられている。

3. 燃料電池

①燃料電池は、天然ガスなどから
取り出した水素と空気中の酸素
とを化学反応させる**水の電気分
解の逆反応**を利用して、直流電
力を取り出す。

②正極の酸素は空気中にあるもの
を利用し、負極の水素は都市ガスの原料である天然ガスなど
から取り出す。

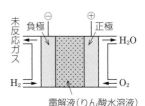

電解液（りん酸水溶液）

③理論効率は高いが、得られた**直流電力を交流電力に変換する**
にはインバータが必要となる。

問題1 太陽光発電システムの太陽電池に関する記述として、最も不適当なものはどれか。

(1) 太陽電池は、p形半導体とn形半導体を接合した構造で、電流は、p形半導体→負荷→n形半導体の順に流れる。

(2) 太陽電池は、半導体の接合部に光が入射したときに起こる光起電力効果を利用している。

(3) 単結晶シリコン太陽電池は、アモルファスシリコン太陽電池より変換効率が低い。

(4) シリコン結晶系太陽電池は、表面温度が高くなると出力が低下する温度特性を有している。

1級 **問題2** 風力発電の風車が1秒間に受ける風の運動のエネルギー W〔J〕を表す式として、正しいものはどれか。ただし、受風面積を A〔m²〕、風速を v〔m/s〕、空気密度を ρ〔kg/m³〕とする。

(1) $W = \dfrac{\rho A v^2}{2}$〔J〕　(2) $W = \dfrac{\rho A^2 v^2}{2}$〔J〕

(3) $W = \dfrac{\rho A v^3}{2}$〔J〕　(4) $W = \dfrac{\rho A^2 v^3}{2}$〔J〕

解答・解説

問題1

・単結晶シリコン太陽電池は、アモルファスシリコン太陽電池より変換効率が高い。

・アモルファスシリコン太陽電池は、大面積で量産できる特徴があるが、現在の主流は原価の安い多結晶シリコン太陽電池である。

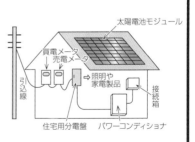

答 (3)

問題2

風の運動のエネルギーは、受風断面積に比例し、回転速度の3乗に比例する。

(参考) 風力発電の出力の調整方法には、回転面を風向きに追従させる**ヨー制御**と風況に応じて羽根の角度を変える**ピッチ制御**がある。　　**答 (3)**

☺ POINT ☺

変電所の主な構成機器の概要をマスターしておく。

1. 変電所の主要設備

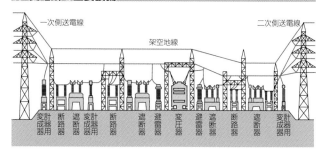

①**変圧器**：電圧の昇圧や降圧を行う。**巻線のタップ切換**によって、巻数比を段階的に変えることで、**適正な電圧調整**を行う。

②**断路器**：電路や機器の定期点検や修理時の開閉に使用し、**無負荷状態のときのみ開閉可能**である。

③**遮断器**：常時は電力の送電、停止、切換などに使用し、事故時は**故障電流の遮断**を行う。

④**調相設備**：負荷に並列に接続して、無効電力を調整し力率の改善を行う。

⑤**避雷器**：雷、開閉サージなどの**異常電圧を大地に放電**して線路や機器の絶縁破壊を防止する。

⑥**計器用変成器**：変成器には、下表の種類がある。

計器用変圧器　(VT)	・高電圧を低電圧（110V）に変成し、計測装置や保護継電器に供給する。 ・**二次側の短絡は一次側のヒューズが溶断するため禁止！**
変流器　(CT)	・大電流を小電流（5A）に変成し、計測装置や保護継電器に供給する。 ・**二次側の開放は焼損を招くため禁止！**
零相変流器　(ZCT)	地絡事故が発生したときの地絡電流（**零相電流**）を検出する。

問題1 電力系統における変電所の役割として、最も不適当なものはどれか。
(1) 電圧の維持
(2) 周波数の調整
(3) 送配電系統の保護
(4) 電圧・電流の変成

1級 **問題2** 変電所の構成機器に関する記述として、不適当なものはどれか。
(1) 単巻変圧器は、二巻線変圧器に比べて、インピーダンスおよび電圧変動率は大きい。
(2) 避雷器は、雷および回路の開閉等に起因する衝撃過電圧に伴う電流を大地へ分流する。
(3) 遮断器は、故障電流の遮断・負荷電流の開閉を行う。
(4) 調相設備は、線路の無効電力潮流を少なくなるように調整して、送電線損失を軽減する。

1級 **問題3** 変電所で用いられる機器に関する記述として、不適当なものはどれか。
(1) 接地開閉器は、遮断器や断路器が開路した後に、閉路して残留電荷を放電するために使用する。
(2) 計器用変成器は、高電圧や大電流を測定しやすい電圧や電流に変成する。
(3) 断路器は、無負荷時に回路を切り離したり、系統の接続変更をするために使用する。
(4) 電力用コンデンサは、系統に直列接続して連続的に無効電力を調整する。

解答・解説

問題1
周波数調整は、発電機の回転速度の調整で行う。　　**答 (2)**

問題2
単巻変圧器は、二巻線変圧器に比べて、**インピーダンスおよび電圧変動率は小さい。**　　**答 (1)**

問題3
電力用コンデンサは、**負荷と並列に接続し力率を改善する**調相設備で、無効電力の調整は段階的である。無効電力の調整を連続的に行うことができるのは、**同期調相機と SVC（静止形無効電力補償装置）**である。　　**答 (4)**

☃ POINT ☃
電圧調整の方法と無効電力の調整方法をマスターする。

1. 変電所での電圧調整方法
・負荷時タップ切換変圧器による変電所の送出電圧の調整
・負荷と並列に設けた調相設備による力率改善

2. 調相設備の適用
・調相設備は、**負荷と並列に接続**する。
・調相設備は、**無効電力を調整**することによって**力率を改善**し、電圧の改善、電力損失の軽減が図れ、**送電容量の確保**ができる。

表　調相設備の種類と適用

電力用コンデンサ	遅れ力率の重負荷時に進相電力負荷として作用し、力率を改善する。(制御が段階的)
分路リアクトル	進み力率の軽負荷時や長距離ケーブル系統のある場合、遅相無効電力負荷として作用し、力率を改善する。(制御が段階的)
同期調相機	同期電動機を無負荷運転し、界磁電流の増減によって無効電力を調整する。(進み〜遅れの連続制御が可能)
静止形無効電力補償装置 (SVC)	半導体素子と電力用コンデンサおよび分路リアクトルを組み合わせて無効電力を高速に調整する。(進み〜遅れの連続制御が可能)

3. 無効電力の供給と消費
・電力用コンデンサは、遅れ無効電力を供給 (=進み無効電力を消費) する。
・分路リアクトルは、進み無効電力を供給 (=遅れ無効電力を消費) する。

4. 直列リアクトルの役目
　電力用コンデンサと直列に接続する直列リアクトルは、コンデンサの容量性リアクタンスの **6%** のものが一般的に採用されており、次の役目がある。

①高調波成分の増大による**電圧波形のひずみを抑制**する。
②電力用コンデンサの**突入電流を抑制**する。

問題1 電力系統において、無効電力を調整する目的として、不適当なものはどれか。
(1) 電圧変動の抑制　(2) 送電損失の軽減
(3) 送電電力の増加　(4) 短絡容量の軽減

問題2 進相コンデンサを誘導性負荷に並列に接続して力率を改善した場合、電源側に生ずる効果として、不適当なものはどれか。
(1) 電力損失の低減
(2) 電圧降下の軽減
(3) 無効電流の減少
(4) 周波数変動の抑制

問題3 調相設備を用いた電力系統の電圧調整に関する記述として、不適当なものはどれか。
(1) 分路リアクトルは、進相無効電力を吸収し、系統の電圧降下を軽減できる。
(2) 電力用コンデンサは、進相無効電力を発生し、系統の電圧降下を軽減できる。
(3) 同期調相機は、界磁電流を変化させることにより、無効電力を連続的に調整することができる。
(4) 静止形無効電力補償装置（SVC）は、無効電力を発生・吸収し、即応性に優れた電圧調整ができる。

解答・解説

問題1
短絡電流を小さくするには短絡容量の低減が必要であり、次のような方法がある。①高インピーダンス変圧器の採用、②系統電圧の格上げ、③系統の分割　　　　**答 (4)**

問題2
調相設備では、周波数変動の抑制はできない。　　　**答 (4)**

問題3
分路リアクトルは、進相無効電力を吸収し、**送電端電圧より受電端電圧が上昇するフェランチ効果による系統の電圧上昇を抑制**する。フェランチ効果は、架空電線路より静電容量の大きい地中ケーブル線路の方が発生しやすい。　　　**答 (1)**

😋 POINT 😋

遮断器は、短絡事故や地絡事故時に系統を遮断するもので、短絡容量と合わせてマスターしておく。

1. 遮断器の種類

遮断器（CB）は、短絡事故時の消弧（アークを吹き消す）方法の違いにより、以下の種類がある。

①油入遮断器（OCB）：消弧時に**絶縁油から出る水素ガス**により冷却消弧するが、**防火上の問題**などから採用されない。

②空気遮断器（ABB）：アークに**圧縮空気を吹き付けて**消弧するが、**騒音が大きい**。

③磁気遮断器（MBB）：電流と磁界による電磁力でアークを短時間に**アークシュート内に押し込め消弧**する。

④真空遮断器（VCB）：真空バルブ内の**強力なアークの拡散作用を利用して**消弧させる。**遮断時に異常電圧が発生**しやすく、**真空漏れの検出が困難**である。

⑤ガス遮断器（GCB）：無色無臭で、絶縁性と消弧能力に優れた**六ふっ化硫黄（SF6）ガスを吹き付けて**消弧する。SF6ガスは温室効果ガスの1つである。

2. ガス絶縁開閉装置（GIS）

遮断器、断路器、避雷器、母線など開閉装置の充電部を六ふっ化硫黄ガスを封入した金属製容器内に配置する。設置面積が小さくてよいが、内部故障時の復旧には時間がかかる。

3. 短絡容量

基準容量を P_n〔V·A〕、三相短絡点から見た電源側のパーセントインピーダンスを%Z〔%〕とすると

$$短絡容量\ P_s = \frac{100}{\%Z} \times P_n \ \text{〔V·A〕}$$

である。遮断器の遮断容量は、**遮断容量≧短絡容量**とする。

4. 短絡容量の低減対策

①上位電圧系統の導入により、下位系統を分割する。

②ループ系統を放射状系統に変更する。

③変圧器や発電機に高インピーダンス機器を採用する。

④変電所などに限流リアクトルを設置する。

⑤直流連系により交流系統相互間を分割する。

問題1 真空遮断器に関する記述として、最も不適当なものはどれか。

(1) アークによる火災のおそれがない。

(2) 小形、軽量なので段積みが可能である。

(3) 電流遮断時に、異常電圧を発生するおそれがない。

(4) 電流遮断は、真空の遮断筒（バルブ）内で行われる。

問題2 ガス遮断器に関する記述として、最も不適当なものはどれか。

(1) 空気遮断器に比べて、開閉時の騒音が大きい。

(2) 高電圧・大容量用として使用されている。

(3) 空気遮断器に比べて、消弧能力が優れている。

(4) SF_6 ガスは、空気に比べて絶縁耐力が大きい。

1級 問題3 図に示す受電点の短絡容量として、正しいものはどれか。

変電所のパーセントインピーダンス：$\%Z_g = j2\%$

配電線のパーセントインピーダンス：$\%Z_l = 6 + j6\%$

$\%Z_g$ と $\%Z_l$ の基準容量：$10\,MV\cdot A$

(1) $10\,MV\cdot A$

(2) $70\,MV\cdot A$

(3) $100\,MV\cdot A$

(4) $125\,MV\cdot A$

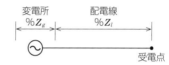

解答・解説

問題1

遮断時に異常電圧が生じやすい欠点がある。 **答 (3)**

問題2

空気遮断器は遮断時に電極に吹き付けた空気を機外に放出するため騒音が大きいが、ガス遮断器はガスを外部へ流れさせないため騒音は小さい。 **答 (1)**

問題3

系統全体のパーセントインピーダンス（%Z）は

$$\%Z = \%Z_g + \%Z_l = j2 + (6 + j6) = 6 + j8$$
$$\therefore \quad \%Z = \sqrt{6^2 + 8^2} = 10\,〔\%〕$$
$$P_s = \frac{100}{\%Z} \times P_n = \frac{100}{10} \times 10 = 100\,〔MV\cdot A〕 \qquad 答\ (3)$$

☻ POINT ☻

保護継電器の役割と主な継電器についてマスターしておく。

1. 保護継電器の役割

　変圧器や送電線などの事故時や過負荷時に動作し、遮断器の遮断により事故点を確実に切り離すとともに、過負荷による設備の損傷を軽減する。

2. 主な保護継電器

　継電器（リレー）の代表的なものには、次の種類がある。

過電流継電器（OCR）	地絡過電流継電器
送配電線や機器の**過負荷や短絡事故時など大電流が流れた場合**に動作する。 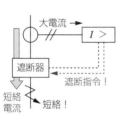	地絡事故時に**地絡電流**（零相電流）が流れたときに動作する。 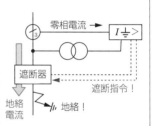
比率差動継電器	**地絡方向継電器（DGR）**
流入する電流と流出する電流の比率が一定以上のときに作動し、主に**変圧器の内部事故の検出**に用いる。	**零相電圧と零相電流の大きさ、位相差**から地絡事故を検出する。地絡過電流継電器のような**不必要動作がない。**
距離継電器	**再閉路継電器**
事故点までのインピーダンスを測定し、一定値以下であれば動作する。	遮断器の遮断後、一定時間経過後に自動的に遮断器を再投入させる。
ブッフホルツ継電器	**衝撃油圧継電器**
変圧器の内部故障時に発生する油の分解ガス、蒸気、油流などで動作する**機械的継電器**である。	変圧器の内部故障時の急激な**油圧上昇**で動作する**機械的継電器**である。

問題1 変電所の保護継電方式の基本的な考え方として、最も不適当なものはどれか。

(1) 故障除去のための遮断区間を必要最小限にとどめ、余分な区間まで停止することを避ける。

(2) 保護上の盲点をなくすため、隣り合った保護区間は保護範囲が重ならないようにする。

(3) 主保護装置が何らかの原因で不動作であっても、故障が除去できるように後備保護を考える。

(4) 系統の過渡安定度維持、事故の波及防止のため、速い動作時間を有するとともに、これによって選択性が損なわれないようにする。

問題2 過電流継電器の限時特性に関する記述として、不適当なものはどれか。

(1) 瞬限時特性は、動作時間に特に限時作用を与えない。

(2) 定限時特性は、動作時間が動作電流の大きさに関係なく一定のものである。

(3) 反限時特性は、動作時間が動作電流の大きさに比例するものである。

(4) 反限時性定限時特性は、ある電流値までは動作時間が反限時性であるが、それ以上になると定限時となるものである。

解答・解説

問題1

隣り合った保護区間は、**保護範囲を重ねる**ことで保護上の盲点をなくすことができる。なお、**後備保護とはバックアップ保護**のことである。　　　　　　　　　　　　　　　　**答 (2)**

問題2

・過電流継電器は、**反限時・瞬時組合せ特性**である。

・反限時特性は、**動作時間が動作電流の大きさに反比例**するものである。

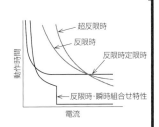

答 (3)

😺 POINT 😺

変圧器の中性点を接地することを中性点接地という。ここでは、中性点の接地目的と各種中性点接地方式についてマスターしておく。

1. 中性点接地の目的

①雷撃によるアーク地絡などによる異常電圧の発生を防止する。

②地絡事故時の**健全相の電位上昇を抑制**し、電線路や機器の**絶縁を軽減**する。

③地絡事故時に、**保護継電器を確実に動作**させる。

2. 中性点接地方式の比較

それぞれの中性点接地方式の特徴を比較すると、下表のようになる。とくに、非接地と直接接地の太字部分はよく出題される。

種 類	非接地	直接接地	抵抗接地	消弧リアクトル接地
接地状況	∞ 〔Ω〕	0 〔Ω〕	R 〔Ω〕	$L=\dfrac{1}{3\omega^2C}$
接地インピーダンス	∞	**0**	R (100〜1 000Ω)	$j\omega L$
地絡電流	**小** **検出が難**	**最大** **検出が容易**	中	最小
地絡時の健全相の電位上昇	**大**	**小** **絶縁が容易**	非接地より小	大
通信線の誘導障害	**小**	**最大**	中	最小
異常電圧	**大**	**小**	中	中
適用系統	高圧配電系統	超高圧系統	66〜154 kV	66〜110 kV

問題1 非接地方式の高圧配電線路に関する記述として、最も適当なものはどれか。

(1) 地絡保護継電器の動作が確実である。

(2) 線路こう長が短い系統では、1線地絡電流は小さい。

(3) 1線地絡時に、通信線へ著しい誘導障害が発生する。

(4) 1線地絡時に、健全相の対地電圧の上昇がほとんどない。

問題2 中性点接地方式に関する記述として、最も不適当なものはどれか。

(1) 直接接地方式は、1線地絡電流が大きいため、通信線に対する電磁誘導障害が大きくなる。

(2) 抵抗接地方式は、健全相の対地電圧を抑制できるため、絶縁レベルの低減が図れる。

(3) 消弧リアクトル接地方式は、並列共振を利用し、1線地絡時に対地充電電流を消弧リアクトル電流で打ち消し、停電および異常電圧の発生を防止する。

(4) 非接地方式は、こう長の短い 33 kV 以下の系統に適用される。

解答・解説

問題1

・**高圧配電線**には、**非接地が採用**されている。

・非接地方式では、線路こう長が短い系統（図の対地静電容量 C_S が小さい）の場合には、1線地絡電流が小さいため地絡の検出が困難である。

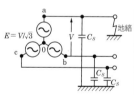

・**非接地方式**は、1線地絡時の健全相の対地電位上昇が最も大きく、地絡発生前の $\sqrt{3}$ 倍となる。

答 (2)

問題2

健全相の対地電圧を抑制でき、絶縁レベルの低減が図れるのは、**直接接地方式**である。非接地方式は地絡時の健全相の電位上昇が最も大きい。

答 (2)

☺ POINT ☺

直流送電と安定度について概要をマスターしておく。

1級 1. 直流送電

直流送電は、長距離大電力の送電に適しており、次のように
交流と連系している。

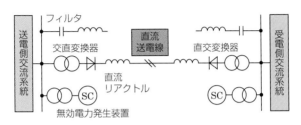

交流系統 ⇔ 直流送電による連系 ⇔ 交流系統

直流送電では、交流系統の電圧を変圧器で変換し、変換器
（コンバータ）で交流を直流に変換して送電し、受電側では逆
変換器（インバータ）で直流を交流に逆変換する。

機器の名称	役　割
サイリスタバルブ	**交流⇔直流の変換**をする。
直流リアクトル	サイリスタバルブで変換された**直流電流の****リップルを平滑化**する。
高調波フィルタ	変換器で発生する**高調波ひずみを抑制**する。

1級 2. 安定度

電力系統の事故などで、一部の送電線に重負荷がかかると一
部の同期発電機の**同期が外れ脱調**し、系統からの解列を招いて
しまう。**発電機が同期を保ち安定に運転できる度合い**のことを
安定度という。

送電電圧を V_s〔V〕、受電電圧を V_r〔V〕、系統のリアクタン
スを X〔Ω〕、V_s と V_r の相差角を δ とすると、送電電力 P は次
式で表される。

送電電力 $P = \dfrac{V_s V_r}{X} \sin \delta$〔W〕

負荷が増加すると δ が大きくなって、同期が外れる。

問題1 直流送電方式の特徴に関する記述として、最も不適当なものはどれか。

(1) 周波数の異なる交流系統間の連系が可能である。

(2) 交直変換所での高調波の防止対策が不要である。

(3) 交流送電方式に比べて、大電力の長距離送電に適している。

(4) 交流送電方式に比べて、送電損失が少ない。

問題2 電力系統の安定度向上対策に関する記述として、不適当なものはどれか。

(1) 上位電圧階級の導入を行う。

(2) 中間開閉所を設置する。

(3) 高速保護リレー方式を採用する。

(4) 高リアクタンスの変圧器を採用する。

解答・解説

問題1

・交直変換器には、半導体制御機器が使用されるため、高調波が発生することから、高調波の防止対策が必要となる。

・直流送電は交流送電と比べ、次のような特徴がある。

①安定度や短絡容量の増大の問題がなく、**異周波連系**ができる。（**50Hz と 60Hz の連系**）

②直流では **2線**で送電でき、**誘電体損がない**。

③交流送電より**絶縁費が安価**である。

④**変換装置は高価**で、半導体制御機器から発生する高調波を吸収する**フィルタ設備が必要**となる。

⑤直流では電流の零点がないため、**大電流の遮断が困難**である。

⑥大地帰路方式では、**電食防止対策が必要**となる。　**答 (2)**

問題2

安定度を向上させるには、直列インピーダンスを小さくする必要があり、低リアクタンスの変圧器の採用や直列コンデンサを設ける方法がある。　　　　　　　　　　　　　**答 (4)**

☺ POINT ☺
架空送電線の電線とコロナについてマスターしておく。

1. 送電線の電線

①硬銅線（HDCC）

　導電率が97%と高いが、高価で質量が大きい。

②鋼心アルミより線（ACSR）

　送電線に最も多く使用されている。**鋼線に張力を負担させ、硬アルミ線に通電を負担させている。**HDCCに比べ外径が大きく、導電率61%と低いが、軽量・安価で引張荷重が大きい。

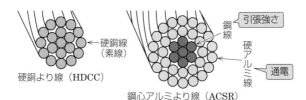

硬銅より線（HDCC）

鋼心アルミより線（ACSR）

2. 単導体方式と多導体方式

　多導体方式は超高圧系統で採用され、**1相当たりの導体本数が2以上で**ある。短絡時の電磁吸引力や強風による電線間の接触を防止するため、**スペーサを設ける。**

　多導体方式は、単導体方式に比べ**インダクタンスは約20%減少し、静電容量は逆に約20%増加**する。

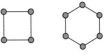

1相当たりの電線の配列例

単導体　　2導体

4導体　　6導体

多導体方式の特徴

①電線表面の電位傾度が小さいため**コロナが発生しにくい。**

②安定度が増すため**送電容量が増加する**（電流容量が大きい）。

③**表皮効果が少ない**（抵抗の増加が少ない）。

3. コロナ現象

　送電電圧が高く、電線表面の電位傾度が高くなると、**空気の絶縁が破れてコロナが発生**する。コロナが発生すると電線表面から青白い発光やノイズが出て**コロナ損**（電力損失）が生じるとともに、ラジオの受信障害を引き起こす。

コロナは、晴天時より雨天時の方が低い電圧で発生する。

コロナの抑制対策

① ACSR など**外径の大きい電線**や**多導体**を採用する。

②がいし金具は突起物をなくし丸みをもたせるほか、架線時に電線の表面を傷つけないようにする。

③がいし装置に遮へい環（シールドリング）を設ける。

問題1 架空送電線路の電線に使用される鋼心アルミより線（ACSR）の特徴を、2種硬銅より線（PH）と比較した場合の記述として、不適当なものはどれか。ただし、電線の単位長さ当たりの電気抵抗は同一とする。

(1) 重量が軽い。

(2) 外径が大きい。

(3) 導電率が大きい。

(4) 引張りに対する強度が大きい。

問題2 架空送電線路におけるコロナ放電の抑制対策に関する記述として、最も不適当なものはどれか。

(1) 架空地線の抵抗を小さくする。

(2) がいし装置に遮へい環を設ける。

(3) 電線を多導体にする。

(4) がいし金具は突起物をなくし丸みをもたせる。

解答・解説

問題1

鋼心アルミより線（**ACSR**）は、硬銅より線に比べて導電率は小さい（硬銅より線の導電率は 97％、アルミ線の導電率は 61％）。**鋼心耐熱アルミ合金より線（TACSR）**は、アルミに少量のジルコニアなどを添加した耐熱アルミ合金を、鋼より線の周囲により合わせたものである。ACSR に比べて許容電流が 50％程度増加するため、大容量送電線に用いられている。

答 (3)

問題2

架空地線の抵抗を小さくする（導電率を高くする）のは、通信線への電磁誘導障害を軽減するためである。　　　　**答 (1)**

😈 POINT 😈

電線のたるみと実長についてマスターしておく。

1. 電線のたるみと実長

　電線を架線するとたるみができ、カテナリー曲線を描く。電線の最低点での水平張力を T〔N〕、電線1m当たりの合成荷重を W〔N/m〕、径間を S〔m〕とすると、電線のたるみ D と電線の実長 L は、次式で計算できる。

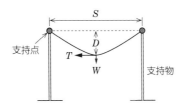

○たるみ：$D = \dfrac{WS^2}{8T}$〔m〕

○電線の実長：$L = S + \dfrac{8D^2}{3S}$〔m〕（径間より $\dfrac{8D^2}{3S}$ だけ長い）

2. 電線の架線工事

①**延線作業**：架線区間のそれぞれの鉄塔に釣車（金車）を取り付け、金車にメッセンジャワイヤを通して、メッセンジャワイヤの後端に送電線を接続して先端側を巻き取ることにより、電線を線路に沿って延線する。

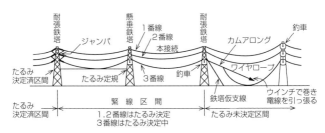

②**緊線作業**：延線後に、角度鉄塔や耐張鉄塔において、電線を所定の張力でがいし連に結合する。なお、緊線作業は、耐張がいし装置の区間ごとに実施する。

問題1 図に示すように電線支持点AとBが同じ高さの架空電線のたるみ D〔m〕を2倍としたときの電線に加わる張力 T〔N〕は何倍となるか。

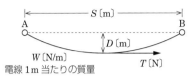

電線1m当たりの質量

(1) $\dfrac{1}{4}$　(2) $\dfrac{1}{2}$　(3) 2　(4) 4

問題2 架空送電線における支持点間の電線の実長の近似値 L〔m〕を求める式として、正しいものはどれか。ただし、径間を S〔m〕、たるみを D〔m〕とし、電線支持点の高低差はないものとする。

(1) $L = S + \dfrac{8D^2}{3S}$〔m〕　(2) $L = S + \dfrac{8S^2}{3D}$〔m〕

(3) $L = S + \dfrac{3D^2}{8S}$〔m〕　(4) $L = S + \dfrac{3S^2}{8D}$〔m〕

解答・解説

問題1

・電線のたるみ D は、$D = \dfrac{WS^2}{8T}$〔m〕（語呂合わせ：鳩が鈴なりにダブっている）で表されるので、たるみが2倍になると

$$2D = \dfrac{WS^2}{8 \times \dfrac{T}{2}}$$ となる。

・たるみを小さくすると電線には大きな張力が働き、たるみを大きくすると電線相互や樹木に接触して短絡事故を起こすことがある。　　　　　　　　　　　　　　　　**答 (2)**

問題2

電線の実長 L の公式そのものである。実長 L は、径間 S より $\dfrac{8D^2}{3S}$ 長い。（語呂合わせ：ミス派手に）　　　　　**答 (1)**

☺ POINT ☺

架空送電線に発生する電線の振動についてマスターする。

1. 電線の振動の種類

振動には、下表の種類がある。

名　称	現　象
微風振動	・細い電線や長径間の箇所で、微風が電線と直角に当たると電線の背後に**カルマン渦**が発生し、電線の鉛直方向に交番力が働き、**電線の固有振動数と一致した場合**には、共振振動を起こす。 風　電線　　カルマン渦 ・振動が長年月継続すると、支持点付近で電線の素線切れや断線を生ずることがある。
コロナ振動	電線の下面に水滴が付着していると、下面の表面電位の傾きが高くなり、**コロナ放電**が発生して水の微粒子が射出され、電線に反力が働き振動する。
スリートジャンプ	電線に付着した**氷雪の脱落**時に、反動で電線が跳躍する。
ギャロッピング	断面積の大きい電線や多導体送電線に**氷雪が付着して断面が非対称**となっている場合、水平方向からの風が当たると上下に振動する。
サブスパン振動	**多導体**において、スペーサとスペーサとの間（サブスパン）に 10 m/s 以上の風が吹いたとき、電線背後のカルマン渦によって発生する自励振動である。

2. 振動の防止対策

①径間の途中に**ダンパ**を取り付け、振動を吸収させる。

②クランプ近くの電線に**アーマロッド**を巻き付け補強する。

③**フリーセンタ形懸垂クランプ**を使用する。

④多導体では、短絡電流による電磁吸引力や強風時の接触を回避し電線相互の間隔を保持するため**スペーサ**を取り付ける。

⑤スリートジャンプに対しては、**オフセット**（電線相互の水平距離）を大きくとる。

問題1 架空送電線路に関する次の文章に該当する機材の名称として、適当なものはどれか。

「懸垂クランプ付近の電線の外周に巻き付けて補強するもので、振動による電線の素線切れなどを防止する。」

(1) スパイラルロッド　(2) アーマロッド
(3) スペーサ　(4) ダンパ

問題2 架空送電線におけるスリートジャンプによる事故防止の対策として、最も不適当なものはどれか。

(1) 電線への張力を大きくする。
(2) 長径間になることを避ける。
(3) 電線相互のオフセットを大きくとる。
(4) 単位重量の小さい電線を使用する。

解答・解説

問題1

アーマロッドには、**電線の振動による素線の断線防止**と、**雷害時のアークによる電線の溶断を防止**する役目がある。

(1) のスパイラルロッドは、電線に螺旋状に巻きつけて着雪を防止する。

(3) のスペーサは、主に超高圧系統の多導体の素線同士の間隔を保つためのものである。

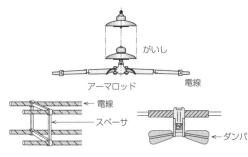

がいし
アーマロッド　電線
電線
スペーサ
ダンパ

答 (2)

問題2

・スリートジャンプは、電線に付着した氷雪が脱落するときに電線が跳ね上がることによって振動が発生する現象である。
・単位重量の小さい電線は、スリートジャンプが発生しやすい。

答 (4)

😼 POINT 😼

架空送電線の主ながいしと塩害についてマスターする。

1. 架空送電線のがいし

がいしは、電線を鉄塔などの支持物から絶縁するために用いられる。

懸垂がいし	長幹がいし
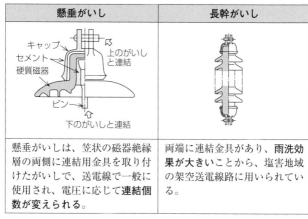	
懸垂がいしは、笠状の磁器絶縁層の両側に連結用金具を取り付けたがいしで、送電線で一般に使用され、電圧に応じて**連結個数が変えられる**。	両端に連結金具があり、**雨洗効果が大きい**ことから、塩害地域の架空送電線路に用いられている。

2. がいしの塩害と対策

塩害とは？

海岸地域では、台風などの影響を受け、がいし表面に塩分が付着する。そこに雨が降ると、がいし表面が導電性を帯び絶縁性能が急激に低下し、漏れ電流が増加し、がいしの表面でアークを発生したり、フラッシオーバしたりする。

塩害の防止対策

対策の基本	具体的対策
塩分を付着しにくくする	①潮風の当たりにくい**ルート**とする。 ②屋内施設化を図る。
塩分が付着しても耐えるようにする	①**過絶縁**をする（長幹がいしの採用や懸垂がいしの連結個数の増加など）。 ②**スモッグがいし**を採用する。 ③がいしに**シリコーンコンパウンド**を塗布する。
付着塩分を取り除く	パイロットがいしを用いて塩分付着量の測定を行い、適時、がいしを**活線洗浄**する。

問題1 図のように両端に連結金具を持ち、塩害地域の架空送電線路に用いられているがいしの名称として、適当なものはどれか。

連結金具
磁器
連結金具

(1) 懸垂がいし
(2) 長幹がいし
(3) ラインポストがいし
(4) スモッグ（耐霧）がいし

問題2 架空送電線路の塩害対策に関する記述として、不適当なものはどれか。

(1) 懸垂がいしの連結個数を増加する。
(2) がいしに懸垂クランプを取り付ける。
(3) 長幹がいしやスモッグがいしを採用する。
(4) がいしにシリコーンコンパウンドを塗布する。

解答・解説

問題1

・長幹がいしは、雨洗効果が高く塩害対策用として用いられる。
・懸垂がいしは送電線の代表的ながいしで、電圧に応じて連結個数が変えられる。
・ラインポストがいしは、鉄構や床面に直立固定する構造で、電線を磁器体頭部に固定して使用する。
・スモッグ（耐霧）がいしは、塩害対策として表面漏れ距離を増やすため、ひだの溝を深くしている。

（鉄構）

ラインポストがいし

汚損物
⇩
がいし表面 ＋ 水
⇩
漏れ電流が流れる
⇩⇦局部高電界の発生
放電の発生
⇩
表面絶縁破壊
塩害の発生

答（2）

問題2

懸垂クランプは、架空送電線の電線を把持する金具である。

答（2）

❁ POINT ❁

架空送電線の雷害と対策についてマスターする。

1. 直撃雷と誘導雷

①直撃雷：導体直撃の場合、径間両端のがいしは雷電圧を負担できずフラッシオーバする。架空地線や鉄塔頂部の直撃の場合、塔脚接地抵抗と雷撃電流の積により鉄塔の電位が上昇し、鉄塔から電線に逆フラッシオーバする。

②誘導雷：雷雲が送電線に接近した場合、静電誘導によって送電線に反対の極性の電荷が現れることで発生する。

2. 雷害対策

耐雷設備には、次のようなものがある。

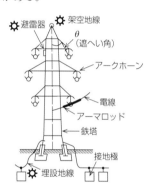

①架空地線：鉄塔の頂部に施設して、**直撃雷、誘導雷の電線への遮へい**を行うもので、**遮へい効果は、遮へい角が小さいほど大きくなる。**

②**アークホーン**：フラッシオーバ時のアーク熱で、がいしが破損するのを防止する角状の金具である。

③**アーマロッド**：雷撃時のフラッシオーバによる電線の損傷を防止する。

④埋設地線：塔脚の接地をするもので、カウンタポイズと呼ばれ、接地抵抗値は低いほどよい。

⑤避雷器：異常電圧が加わったときに放電するとともに、電圧が商用周波電圧に戻ると**続流を遮断**する。

3. OPGW

架空送電線路に架線した架空地線の中心部分に光ファイバを収納したもので、**光ファイバ複合架空地線**と呼ばれている。このような構造とすることで、送電線と長距離・広帯域の通信網を同時に実現できる。

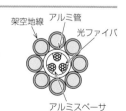

1級 問題1 直撃雷や誘導雷に対する架空地線に関する記述として、最も不適当なものはどれか。
(1) 直撃雷：遮へい角が大きいほど遮へい効果が高い。
(2) 直撃雷：1条より2条施設の方が、遮へい効果が高くなる。
(3) 誘導雷：電力線に発生する異常電圧を低減する効果がある。
(4) 直撃雷：電力線への直撃を防止する効果がある。

1級 問題2 架空送電線路の雷害対策に関する記述として、最も不適当なものはどれか。
(1) がいしの過絶縁による雷害防止は困難なので、鉄塔の頂部に架空地線を設ける。
(2) 鉄塔の電位上昇による逆フラッシオーバを防止するため、スペーサを設ける。
(3) 雷撃時のフラッシオーバによる電線の損傷などを防止するため、アーマロッドを設ける。
(4) フラッシオーバによるがいし破損を防止するため、アークホーンをがいし連の両端に設ける。

解答・解説

問題1

鉄塔頂部に設ける架空地線は、遮へい角が小さいほど直撃雷から架空送電線を遮へいする効果が高い。 **答 (1)**

問題2

・架空地線や鉄塔の頂部に落雷があった場合、雷撃電流が鉄塔を流れ、この電流と塔脚接地抵抗との積が鉄塔上部の電位となり、がいしの絶縁が破壊され、鉄塔から送電線に向かって閃絡する。これが逆フラッシオーバである。

・フラッシオーバ：電線側→鉄塔側に閃絡
・逆フラッシオーバ：鉄塔側→電線側に閃絡
・径間逆フラッシオーバ：架空地線側→電線側に閃絡

・鉄塔の電位上昇による逆フラッシオーバを防止するためには、塔脚接地抵抗を小さくする。
・スペーサは、電線の離隔対策に用いる。 **答 (2)**

☺ POINT ☺

架空送電線の線路定数と誘導障害についてマスターする。

1. 線路定数

送電線路の電気的特性を決定する $RLCG$（抵抗、インダクタンス、静電容量、漏れコンダクタンス）を線路定数という。線路定数は、電線の種類、電線の太さ、電線の配置によって定まり、漏れコンダクタンス G は通常、無視できる。

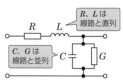

2. 誘導障害の種類

①**静電誘導障害**：送電線と通信線との**コンデンサ分圧**によって**静電誘導電圧**が現れ、通信線に障害を引き起こす。

②**電磁誘導障害**：送電線と通信線が接近・並行していると、送電線の**地絡電流**などによって、**相互インダクタンス M** を介して**電磁誘導電圧**が現れ、通信線に障害を引き起こす。

静電誘導電圧	電磁誘導電圧
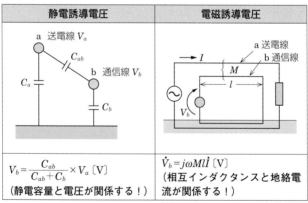	
$V_b = \dfrac{C_{ab}}{C_{ab}+C_b} \times V_a$ 〔V〕 （静電容量と電圧が関係する！）	$\dot{V}_b = j\omega M l \dot{I}$ 〔V〕 （相互インダクタンスと地絡電流が関係する！）

3. 誘導障害の防止対策

①送電線と通信線の**離隔距離**を増加する。

②送電線の L、C の電気的不平衡をなくすため**ねん架**する。

③金属遮へい層付き通信ケーブルを使用する。

④**高抵抗接地や非接地とする。**　┐

⑤**地絡電流を高速遮断する。**　├ 電磁誘導対策

⑥**通信線に避雷器を設置する。**　┘

問題1 架空送電線路の線路定数を定める要素として、最も関係の少ないものはどれか。
- (1) 電線の種類
- (2) 電線の太さ
- (3) 電線配置
- (4) 力率

問題2 架空送電線が通信線に及ぼす電磁誘導障害の低減対策として、不適当なものはどれか。
- (1) 送電線の故障箇所を高速度で遮断する。
- (2) 中性点の接地抵抗をできるだけ小さくする。
- (3) 通信線に遮へいケーブルを使用する。
- (4) 送電線のねん架を行う。

解答・解説

問題1

力率 $\cos\theta$ は、負荷の性質によって定まるものである。

答 (4)

問題2

・送電線の中性点の接地抵抗値を低くすると、地絡事故時の地絡電流が大きくなるため、通信線への電磁誘導障害が大きくなる。したがって、電磁誘導障害の軽減には、送電線の中性点の接地抵抗値を高くしなければならない。

・電線のこう長 1/3 ずつの区間ごとに、相配列を入れ替えることを**ねん架**という。ねん架により、**各相の作用インダクタンスと作用静電容量を平衡させる**ことができ、近接の通信線への誘導障害を低減できる。

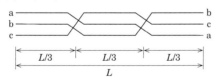

答 (2)

☺ POINT ☺

配電方式と需要家の受電方式についてマスターする。

1. 配電方式

①**樹枝式**：幹線部分から木の枝のように分岐線を出す方式で、建設コストは最も安価であるが、供給信頼度は低い。

②**ループ式**：配電線路がループ状になり、コストはやや高くなるが、供給信頼度は樹枝式に比べて高くなる。

③**バンキング式**：同一配電線に接続された変圧器の二次側を並列接続したもので、電圧降下が小さい。

④**ネットワーク式**：異なる配電線に接続した変圧器の二次側を並列接続したもので、供給信頼度が最も高い。エリア的に導入するレギュラーネットワークと高層ビルなどに適用するスポットネットワークがある。

2. 受電方式

受電方式	特　徴
1回線受電	系統構成は簡単だが、供給信頼度は低い。
本線予備線受電 （常用予備受電）	常時は1回線で受電し他の1回線は予備としておき、停電時に予備線側に切り替える。供給信頼度は高くなるが、工事費は高い。
ループ受電	主に、大都市中心など負荷密度が高く、高い供給信頼度が要求される地域で採用される。
スポットネットワーク受電	標準的には**3回線**で受電し、変圧器の二次側を母線に並列接続している。1台の変圧器が故障しても供給できるため、**極めて供給信頼度が高い**。

1級 問題1 図に示す需要家の受電方式の名称として、適当なものはどれか。

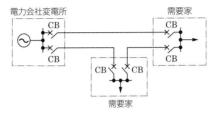

(1) 平行2回線受電方式
(2) ループ受電方式
(3) 常用・予備受電方式
(4) スポットネットワーク受電方式

1級 問題2 スポットネットワーク受電方式に関する記述として、最も不適当なものはどれか。

(1) ネットワーク変圧器は、配電線より各回線ごとにネットワークプロテクタを介して接続される。
(2) ネットワーク変圧器の容量は、1台が停止しても残りの変圧器で最大需要電力を供給できるものを選定する。
(3) 標準的には3回線の配電線より受電し、3台のネットワーク変圧器などで構成される。
(4) ネットワーク母線から分岐する各低圧幹線には、テイクオフ装置を施設する。

解答・解説

問題1

ループ受電方式は、常時2回線で受電するため、1回線が故障してもその回線の遮断器（CB）を遮断することで、健全回線から受電を継続できる。 **答 (2)**

問題2

スポットネットワーク受電設備の接続形態は、電源側から負荷側に向かって、**断路器→ネットワーク変圧器→ネットワークプロテクタ→ネットワーク母線→幹線保護装置**の順となっている。保護の心臓部であるネットワークプロテクタには、無電圧投入、差電圧投入、逆電力遮断の3つの特性がある。 **答 (1)**

架空配電線路の使用機材について概要をマスターする。

1. 配電線路の主要機材

①支持物：主に、鉄筋コンクリート柱が使用されている。

②電線：導体には硬銅線やアルミ線の**絶縁電線**が使用され、一部ケーブルも使用されている。

高　圧	OC	架橋ポリエチレン絶縁電線
	OE	ポリエチレン絶縁電線
低　圧	OW	屋外用ビニル絶縁電線
	IV	600V ビニル絶縁電線
	DV	引込用ビニル絶縁電線
接　地	GV	接地用ビニル電線

③がいし：絶縁のために使用され、高圧用にはピンがいしと耐張がいし、低圧用にはピンがいしと引留がいし、支線用には玉がいしが使用されている。

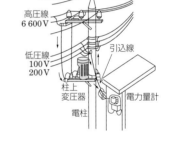

④柱上変圧器：主に**巻鉄心変圧器**が使用され、鉄損の少ない**アモルファス変圧器**も一部採用されている。

　　過負荷や短絡事故時に備え、一次側にはタイムラグヒューズを内蔵した**高圧カットアウト**が施設されている。

⑤柱上開閉器：作業や事故時の操作を行うもので、**気中開閉器（AS）**、**真空開閉器（VS）**、**ガス開閉器（GS）**があり、負荷電流の開閉能力がある。

⑥昇圧器：線路用電圧調整器である **SVR** は、**タップを自動切替**でき、長こう長線路では複数台施設される。

⑦バランサ：巻数比 1：1 の単巻変圧器で、単相3線式系統の末端に施設して、**電圧の不平衡を是正**する。

問題1 高圧架空配電線路に関する記述として、不適当なものはどれか。

(1) 引留め部分の支持に、高圧ピンがいしを使用した。

(2) 高圧絶縁電線として、ポリエチレン電線（OE）を使用した。

(3) 線路用開閉器として、屋外仕様の高圧交流気中負荷開閉器を使用した。

(4) 柱上変圧器の一次開閉器として、高圧カットアウトを使用した。

問題2 配電系統において電圧を調整する場合、調整箇所と使用する機器の組合せとして、不適当なものはどれか。

調整箇所	使用する機器
(1) 高圧配電線路	タップ付柱上変圧器
(2) 高圧配電線路	線路用電圧調整器
(3) 配電用変電所	負荷時タップ切換変圧器
(4) 配電用変電所	バランサ

解答・解説

問題1

高圧架空配電線路の引留め部分の支持には、高圧耐張がいしが使用される。高圧ピンがいしは、引き通し部分に使用されるものである。

高圧ピンがいし

高圧耐張がいし

答 (1)

問題2

・バランサは、単相3線式低圧配電系統の末端に施設して、電圧の不平衡を是正する。

答 (4)

電力 23 架空配電線路の施工

☺ POINT ☺
架空配電線路の施工方法について概要をマスターする。

1. 架空配電線路の施工

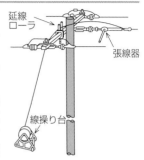

①**延線作業**：電柱に延線ローラを取り付けて、延線ロープを架線し、延線ロープの先端に電線を取り付け、巻線ドラムで延線ロープを巻き取り架線する。

②**引留作業**：延線した電線を張線器（シメラ）を使用して、規定のたるみとなるよう引留装柱箇所で緊線し、引留がいしに固定する。

③**接続作業**：直線スリーブやC形コネクタを使用して電線を接続する。接続部分は、絶縁電線の絶縁物と同等以上の絶縁効力のある絶縁カバーなどで覆う。

2. 支線の施工

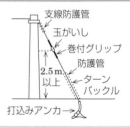

　支線取付け工事は、架線工事より先行して終えておく。

　支線には、一般に亜鉛メッキ鋼より線を使用し、上部支線と下部支線間に**玉がいし**を挿入して絶縁を保つ。また、地中部には**アンカ**を打ち込む。

---

①支線の**安全率は、原則として 2.5 以上**とする。
②素線に**直径が 2mm 以上**で引張強さが $0.69\,kN/mm^2$ 以上の金属線を用い、**3 条以上**をより合わせたものとする。
③地中の部分および地表上 30cm までの地際部分に耐蝕性のあるものを使用する。
④支線の根かせは、引張荷重に十分耐えるようにする。
⑤道路を横断して施設する支線の高さは、**地表上 5m 以上**とする。

問題1 高圧架空配電線路の施工に関する記述として、最も不適当なものはどれか。

(1) 延線中に電線が腕金にこすれて傷がつかないように、延線ローラを取り付けた。

(2) 高圧電線は、圧縮スリーブを使用して接続した。

(3) 延線した高圧電線は、張線器で引張り、たるみを調整した。

(4) 高圧電線の引留支持用には、玉がいしを使用した。

問題2 図に示す高低圧架空配電線路の、引留柱における支線に必要な引張強度 T〔N〕の値として、正しいものはどれか。ただし、支線の安全率を 1.5 とする。

(1) $190\sqrt{5}\,\text{N}$

(2) $285\sqrt{5}\,\text{N}$

(3) $380\sqrt{5}\,\text{N}$

(4) $570\sqrt{5}\,\text{N}$

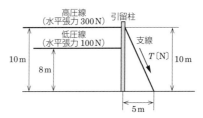

解答・解説

問題1

・玉がいしは支線の途中に施設するものである。

・高圧電線の引留支持用には、耐張がいしを使用する。

答 (4)

問題2

柱を左側に倒すモーメント $= 300 \times 10 + 100 \times 8$
$$= 3\,800\ \text{〔N·m〕}$$

高さ 10 m 換算の電線の水平張力 $P = \dfrac{3\,800}{10} = 380$ 〔N〕

支線の取付け角を θ とすると、$P = T\sin\theta$ であるので

$$T = \frac{P}{\sin\theta} \times 1.5 = \frac{380}{5/\sqrt{10^2 + 5^2}} \times 1.5$$
$$= 114\sqrt{125} = 570\sqrt{5}\ \text{〔N〕}$$

答 (4)

☺ POINT ☺

低圧配電系統の電気方式についてマスターする。

1. 低圧配電線の電気方式

低圧配電線の電気方式には、下図の方式がある。

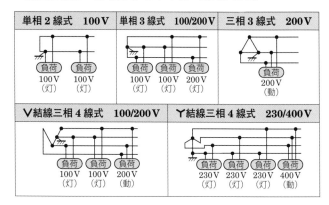

Ｙ結線三相4線式 230/400 V は、高層ビルや大規模工場に適用されている。

2. 電気方式と電圧降下

受電端電圧を V_r 〔V〕、負荷電流を I〔A〕、負荷力率を $\cos\theta$（遅れ）、1線当たりの抵抗を R〔Ω〕、リアクタンスを X〔Ω〕、とすると、電気方式別の電力 P および電圧降下 v は、下表のようになる。

電気方式	電力 P〔W〕	電圧降下 v〔V〕
単相2線式	$V_r I \cos\theta$	$2I(R\cos\theta + X\sin\theta)$
単相3線式	$2(V_r I \cos\theta)$	$I(R\cos\theta + X\sin\theta)$
三相3線式	$\sqrt{3}V_r I \cos\theta$	$\sqrt{3}I(R\cos\theta + X\sin\theta)$

3. 電気方式と電力損失

電気方式別の電力損失 p〔W〕は、単相2線式や単相3線式（平衡負荷時）で $2RI^2$、三相3線式で $3RI^2$ となる。

問題1 屋内配線の電気方式として用いられる中性点を接地した単相3線式100/200Vに関する記述として、不適当なものはどれか。

(1) 事務所ビルの照明やコンセントへの幹線に用いる。

(2) 単相100Vと単相200Vの2種類の電圧が取り出せる。

(3) 非接地側電線の対地電圧は、100Vと200Vとなる。

(4) 中性線と各非接地側電線との間に接続する負荷の各合計容量は、できるだけ平衡させる。

問題2 図に示す変圧器の一次電流 I〔A〕の値として、正しいものはどれか。ただし、各負荷の電流は図示の値とし、各負荷の力率は100%、変圧器および電線路の損失は無視する。

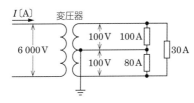

(1) 2.0A (2) 3.5A (3) 4.0A (4) 7.0A

解答・解説

問題1

・電圧線(非接地側電線)同士の線間電圧は200Vであるが、非接地側電線の対地電圧は100Vである。

・中性線へのヒューズの施設は、負荷が不平衡の場合の溶断時に、過大な電圧が負荷にかかるため禁じられている。

答 (3)

問題2

・負荷の皮相電力の合計 S は、100V負荷と200V負荷の皮相電力の和であるので

$S = 100 \times 100 + 100 \times 80 + 200 \times 30 = 24\,000$ 〔V・A〕

・変圧器および電線路の損失は無視できるので、一次側と二次側の皮相電力 S は等しく

$S = 6\,000 \times I = 24\,000$

$\therefore I = \dfrac{24\,000}{6\,000} = 4$ 〔A〕

答 (3)

☃ POINT ☃

配電系統での電圧調整と電力損失の軽減についてマスターする。

1. 配電系統の電圧調整

配電系統では、電圧調整のため、次のような設備が施設されている。

①**負荷時タップ切換変圧器**：配電用変電所での送出電圧の調整で、バンク一括して調整することが多い。

②**自動電圧調整器（SVR）**：単巻変圧器を利用したもので、配電線の途中に施設し、設置点より負荷側の電圧降下を補償する。

③**開閉器付コンデンサ**：スイッチドキャパシタと呼ばれ、負荷の遅れ力率を改善して電圧降下を補償する。

④**柱上変圧器でのタップ切換**：柱上変圧器の一次側に設けたタップを切り換える。

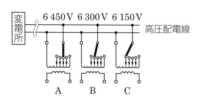

⑤**バランサ**：単相3線式低圧配電線の末端に施設して、電圧の不平衡を是正する。

2. 電力損失の軽減

配電系統では、電力損失を軽減するため、次のような方法が採用されている。

①**線路抵抗の低下**

・電線サイズを太いものに取り替える。

・回線数を増加させる。

・変電所の新設などにより配電線のこう長を短縮する。

②**線路電流の低下**

・配電電圧を昇圧する。

・力率改善用コンデンサを設置する。

・負荷電流の不平衡を是正する。

問題1 配電系統の電圧調整の方法に関する記述として、不適当なものはどれか。

(1) 自動または手動による変電所送出電圧の調整

(2) バランサを用いた無効電力の供給による電圧調整

(3) ステップ式自動電圧調整器（SVR）による線路電圧調整

(4) 静止形無効電力補償装置（SVC）を用いた無効電力の供給による電圧調整

問題2 配電系統の電力損失に関する記述として、不適当なものはどれか。

(1) 変圧器の鉄損は、負荷電流の2乗に比例する。

(2) 電力ケーブルの抵抗損は、線路電流の2乗に比例する。

(3) 電力ケーブルの損失には、抵抗損のほかに誘電損やシース損がある。

(4) 変圧器の銅損は、巻線の抵抗損である。

解答・解説

問題1

バランサは、単相3線式低圧配電線の末端に設け、電圧の不平衡を是正するが、無効電力の供給機能はない。　　**答 (2)**

問題2

・変圧器の鉄損は、鉄心部分に生じる損失で、負荷電流とは無関係であり、銅損は負荷電流の2乗に比例する。

・変圧器の鉄損の軽減には、高磁束密度方向性電磁鋼板、磁区制御方向性電磁鋼板、アモルファス材料が採用されるようになっている。

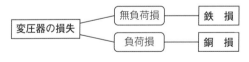

答 (1)

☺ POINT ☺

電圧フリッカ・高調波の発生および対策についてマスターする。

1. 電圧フリッカ

発生原因と影響

　電気溶接機や製鋼用アーク炉のような大形の間欠負荷があると、アーク電流が不規則に変動し、大きな電圧変動が繰り返される。この結果、**照明のちらつき**（10 Hz が最も敏感）や**テレビ画面の動揺**による不快感を与えたり、電動機の回転ムラなどを生じる。

抑制対策

リアクタンスを小さくする	無効電力の変動を小さくする
①系統電圧の格上げ ②専用配電線からの供給や配電線のループ化、太線化 ③変電所変圧器の増設 ④専用変圧器化 ⑤直列コンデンサによる補償	①静止形無効電力補償装置（SVC）の採用 ②自励式インバータの採用

2. 高調波

発生原因と影響

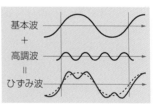

　系統に**アーク炉**や大容量の**半導体制御機器**があると、スイッチングにより高調波電流が流れる。この結果、電圧波形のひずみや高調波電流による電力用コンデンサの過熱や通信線への誘導障害などが発生する。

抑制対策

①系統の短絡容量を増大させる
②LC フィルタやアクティブフィルタの設置
③電力用コンデンサへの直列リアクトルの設置

1級 **問題1** 配電系統に発生する電圧フリッカの抑制対策として、不適当なものはどれか。

- (1) 発生源への電力供給を専用線あるいは専用変圧器で行う。
- (2) アーク炉用変圧器に直列に可飽和リアクトルを挿入する。
- (3) 発生源へ電力を供給している電源側のインピーダンスを増加させる。
- (4) アーク炉などフリッカ負荷がある場合は三巻線補償変圧器を設置する。

問題2 配電系統における高調波に関する記述として、最も不適当なものはどれか。

- (1) 電力用コンデンサは、高調波による障害を受けやすい。
- (2) 過電流継電器は、高調波により誤動作することがある。
- (3) 高調波の低減対策として、系統の短絡容量を減少させることが有効である。
- (4) △-△結線と△-Ｙ結線の変圧器を組み合わせることにより、高調波を抑制できる。

解答・解説

問題1

・変動負荷は短絡容量の大きい（インピーダンスの小さい）電源系統に接続する。
・電線の太線化はインピーダンスの低減につながる。

答 (3)

問題2

・配電系統の高調波成分は、第3、第5、第7といった低次の奇数次のものが多い。
・高調波低減対策として、**系統側**では供給母線の短絡容量の増加、供給系統の分離がある。**被害機器側**ではコンデンサへの**直列リアクトル（6%リアクトル）**の設置がある。　**答 (3)**

電力 27 キュービクル式高圧受電設備

☻ POINT ☻

キュービクル式高圧受電設備の特徴と保護についてマスターしておく。

1. キュービクル式高圧受電設備の特徴

キュービクルは、変圧器、電力用コンデンサ、開閉装置、保護継電器、計測装置などを金属箱内に収容しており、開放形高圧受電設備と比較して次のような特徴がある。

① コンパクトで占有面積が小さく、工期も短い（占有面積が小さいので大型機器の更新は困難）。

② 保守点検が容易で、感電や火災の危険性が少ない。

③ 建設費や維持費が安価である。

2. キュービクル式高圧受電設備の種類と保護

種類として、CB 形と PF・S 形とがある。

CB 形	PF・S 形
 真空遮断器	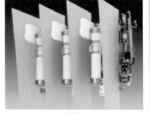 PF 付 LBS
過電流継電器（OCR）・地絡継電器（GR）と遮断器（CB）を組み合わせたもので、短絡・地絡事故を遮断器で遮断する。	限流ヒューズ（PF）と交流負荷開閉器（PAS）を組み合わせ、短絡は PF で、地絡は PAS で保護する。
変圧器容量 4 000 kV・A 以下のものに適用する。	変圧器容量 300 kV・A 以下のものに適用する。

問題1 高圧受電設備に使用する断路器に関する記述として、最も不適当なものはどれか。ただし、断路器は垂直面に取り付けることとし、切替断路器を除くものとする。

(1) 横向きに取り付けない。

(2) 操作が容易で危険のおそれのない箇所を選んで取り付ける。

(3) 縦に取り付ける場合は、接触子（刃受）が下部になるようにする。

(4) ブレード（断路刃）は、開路したときに充電しないよう負荷側とする。

問題2 キュービクル式高圧受電設備の主遮断装置に関する記述として、誤っているものはどれか。

(1) CB形の主遮断装置として、高圧交流遮断器と過電流継電器を組み合わせた。

(2) CB形の過電流の検出には、変流器と過電流継電器を使用した。

(3) PF・S形の主遮断装置として、高圧交流負荷開閉器と高圧限流ヒューズを組み合わせた。

(4) PF・S形の地絡の保護には、高圧限流ヒューズを使用した。

解答・解説

問題1

・断路器を縦に取り付ける場合は、**刃受が上部**に、**ブレード（断路刃）が下部**になるようにする。

・高圧カットアウトのヒューズを入れず素通しとして、断路器の代わりとして使用することがある。　　　　**答 (3)**

問題2

・PF・S形の地絡の保護には、高圧交流負荷開閉器が使用される。

・高圧限流ヒューズは、短絡保護に使用するもので溶断すれば取替えが必要で、常に予備品を備えておかなければならない。

・高圧限流ヒューズは、短絡時の限流効果を有する反面、一般的には小電流遮断性能が劣る。　　　　**答 (4)**

☺ POINT ☺

受電設備の電気用図記号と代表的な JEM 記号をマスターして
おく。

1級 1.　受電設備の電気用図記号

主な受電設備の電気用図記号は、下表のとおりである。

名　称	図記号	名　称	図記号
断路器		避雷器	
交流遮断器		電力用コンデンサ	
負荷開閉器		直列リアクトル	
ヒューズ付開閉器		過電流継電器	$I >$
電磁接触器		地絡過電流継電器	$I \pm >$

1級 2.　JEM 記号

代表的な JEM（日本電機工業会規格）記号は、下表のとお
りである。

基本器具番号	器具の名称	基本器具番号	器具の名称
3	操作スイッチ	67	交流電力方向継電器または地絡方向継電器
27	交流不足電圧継電器	80	直流不足電圧継電器
42	運転遮断器、スイッチまたは接触器	84	電圧継電器
51	交流過電流継電器または地絡過電流継電器	89	断路器または負荷開閉器
52	交流遮断器または接触器	90	自動電圧調整器または自動電圧調整継電器
55	自動力率調整器または力率継電器		（注意）JEM 1090 より抜粋

1級 **問題1** 電気用図記号とその名称の組合せとして、「日本産業規格 (JIS)」上、誤っているものはどれか。

	図記号	名 称		図記号	名 称
(1)		ヒューズ	(2)		断路器
(3)		避雷器	(4)		電磁接触器

問題2 単相200V回路に使用する定格電流15Aの接地極付きコンセントの極配置として、正しいものはどれか。

(1)   (2)   (3)   (4)

1級 **問題3** 配電盤・制御盤・制御装置の文字記号と用語の組合せとして、「日本電機工業会規格 (JEM)」上、誤っているものはどれか。

	文字記号	用 語
(1)	PGS	柱上ガス開閉器
(2)	DGR	地絡方向継電器
(3)	VCT	真空電磁接触器
(4)	UVR	不足電圧継電器

解答・解説

問題1

〜 は**負荷開閉器**で、〜 が**電磁接触器**である。

(参考) 断路器、遮断器、開閉器の図記号の違いは確実に覚えておかなければならない。　　　　　　　　　　　　　　　　　**答 (4)**

問題2

コンセントの極配置は、定格電圧、定格電流、極数によって異なる。

(1) は単相250V 15Aの接地極付き、(2) は単相125V 15Aの接地極付き、(3) は三相250V一般用、(4) は単相125V 20Aの接地極付きである。　　　　　　　　　　　　　　　　　**答 (1)**

問題3

VCT は電力需給用計器用変成器、**VMC** は真空電磁接触器の文字記号である。　　　　　　　　　　　　　　　　　　**答 (3)**

☻ POINT ☻

地中電線路で使用される代表的な電力ケーブルとケーブルの損失についてマスターしておく。

1. CV ケーブル

CV ケーブル（**架橋ポリエチレン絶縁ビニルシースケーブル**）は、絶縁体に架橋ポリエチレンを使用しているため最高許容温度が 90℃ と高く、比誘電率が小さいため、誘電体損も小さい。また、**CVT ケーブル**（トリプレックス形）は、CV ケーブルを 3 本よりにしたものである。

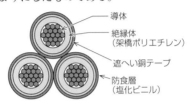

CVT（トリプレックス形）ケーブル

2. 電力ケーブルの損失

電力ケーブルの損失は、導体、絶縁体、シースの各部で生じる。

① **抵抗損**：導体抵抗のジュール熱による電力損失である。

② **誘電体損**：絶縁体に発生する損失で、角周波数を ω〔rad/s〕、静電容量を C〔F〕、印加電圧を V〔V〕、誘電正接を $\tan\delta$ とすると、次式で求められる。

誘電体損 $P_d = \omega C V^2 \tan\delta$〔W〕

③ **シース損**：金属シース内に発生する渦電流損と長手方向の電流によるシース回路損とがある。

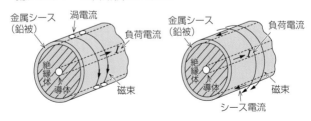

(a) シース渦電流損　　　　(b) シース回路損

3. 許容電流の増大対策

①導体断面積の大きなものを使用し、分割導体とする。
②比誘電率の小さい絶縁体を使用する。
③絶縁体の誘電正接（$\tan\delta$）が小さいものを使用する。
④熱抵抗の小さい絶縁体と防食層を使用する。
⑤常時最高許容温度の大きい絶縁材料を使用する。

問題1 高圧架橋ポリエチレン絶縁ビニルシースケーブルにおいて、水トリーと呼ばれる樹枝状の劣化が生じる箇所は。
 (1) 銅導体内部
 (2) 遮へい銅テープ表面
 (3) ビニルシース内部
 (4) 架橋ポリエチレン絶縁体内部

問題2 地中送電線路における電力ケーブルの常時許容電流を増大させる方法に関する記述として、不適当なものはどれか。
 (1) ケーブルのシース回路損を低くする。
 (2) 誘電正接の小さい絶縁体を使用する。
 (3) ケーブルを冷却する。
 (4) 比誘電率の大きい絶縁体を使用する。

解答・解説

問題1

・水トリーは **CV ケーブル特有の現象**で、水と課電の共存状態で、電界集中部を起点として進展し絶縁劣化を招く。

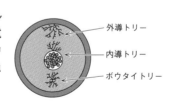

外導トリー
内導トリー
ボウタイトリー

・水トリーの発生箇所は、**架橋ポリエチレン絶縁体内部**である。　**答 (4)**

問題2

誘電体損は、（誘電率×誘電正接）に比例するので、比誘電率の大きい絶縁体を使用すると誘電体損が大きくなり、許容電流は小さくなる。　**答 (4)**

☺POINT ☺
地中電線路の作用静電容量や充電電流・充電容量の求め方をマスターしておく。

1. 作用静電容量

3心ケーブルの対地静電容量を C_0〔F〕、線間静電容量を C_m〔F〕とすると、作用静電容量（1相分の静電容量を等価的表したもの）C は、次式で表される。

作用静電容量 $C = C_0 + 3C_m$〔F〕

（注意）C_m を△－Ｙ変換すると $3C_m$ となる。

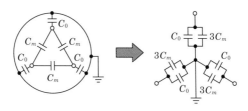

2. 充電電流

周波数を f〔Hz〕、三相3線式の線間電圧を V〔V〕とすると、充電電流 I_c は、次式で求められる。

$$I_c = \omega C \frac{V}{\sqrt{3}} = 2\pi f C \frac{V}{\sqrt{3}} \ \text{〔A〕}$$

3. 充電容量

充電容量 Q は、次式で求められる。

$$Q = \sqrt{3} V I_c = \sqrt{3} V \left(\omega C \frac{V}{\sqrt{3}} \right) = \omega C V^2$$

$$= 2\pi f C V^2 \ \text{〔var〕}$$

1級 **問題1** 交流の地中送電線路に用いられるケーブルの充電電流を算出するにあたり、最も関係がないものはどれか。
- (1) 周波数　　(2) 線間電圧
- (3) 静電容量　(4) インダクタンス

1級 **問題2** 図のような地中配電線路に用いる3心ケーブルにおいて、導体1条当たりの静電容量 C〔μF〕を表す式として、正しいものはどれか。ただし、C_s〔μF〕は導体と金属シース間、C_m〔μF〕は導体相互間の静電容量とする。

(1) $C = C_s + \dfrac{1}{3} C_m$〔$\mu$F〕

(2) $C = 3C_s + C_m$〔μF〕

(3) $C = C_s + 3C_m$〔μF〕

(4) $C = 3(C_s + C_m)$〔μF〕

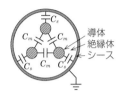

導体 絶縁体 シース

問題3 高圧受電設備において、引込ケーブルの太さを選定する際の検討項目として、最も関係のないものはどれか。
- (1) 許容電流　　(2) 負荷電流
- (3) 短絡電流　　(4) 地絡電流

解答・解説

問題1

三相3線式の充電電流 I_c は、$I_c = \omega C \dfrac{V}{\sqrt{3}} = 2\pi f C \dfrac{V}{\sqrt{3}}$〔A〕で表され、$f$ は周波数〔Hz〕、C は静電容量〔F〕、V は線間電圧〔V〕である。充電電流の式中にインダクタンス L〔H〕は含まれない。　　**答 (4)**

問題2

作用静電容量 C は、$C = C_s + 3C_m$〔μF〕である。　　**答 (3)**

問題3

電流の大小関係は、短絡電流＞許容電流＞負荷電流＞地絡電流で、地絡電流は値が小さいため、太さの選定項目とはならない。長こう長の送電線の電力ケーブルでは、充電電流も太さ選定の際の検討項目となる。　　**答 (4)**

☻ POINT ☻

地中ケーブルの劣化診断法と事故点探査法をマスターする。

1. 絶縁劣化診断法

電力ケーブルの絶縁劣化診断法には、下表の方法がある。

測定法	診断方法の概要
絶縁抵抗測定法	絶縁体やシースの絶縁抵抗を絶縁抵抗計で測定する。
直流高圧法	ケーブルの絶縁体に直流高電圧を印加し、検出される漏れ電流の大きさや電流の時間変化から絶縁体の劣化状況を調べる。
誘電正接測定法	ケーブルの絶縁体に商用周波電圧を印加し、シェーリングブリッジ等により**誘電正接**（**tan δ**）を測定する。
部分放電測定法	ケーブルの絶縁体に使用電圧程度の商用周波電圧を印加し、異常部分から発生する部分放電を定量的にとらえる。

2. 事故点の探査法

電力ケーブルを使用した電線路で事故が発生した場合の事故点の探査には、マーレーループ法、パルスレーダ法、静電容量法が用いられる。

マーレーループ法	パルスレーダ法
ブリッジの平衡原理を利用し、事故点までの距離 x を求める。 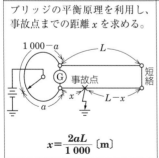 $$x = \frac{2aL}{1\,000} \ [\mathrm{m}]$$	ケーブルに速度 v のパルス電圧を送り出し、事故点からの反射パルスを検知して、**パルスの往復伝播時間 t** から事故点までの距離 l を求める。 $$l = \frac{vt}{2} \ [\mathrm{m}]$$
静電容量法	
断線故障に用いられ、断線点までの静電容量を測定する。	

問題1 地中電線路における電力ケーブルの絶縁劣化の状態を測定する方法として、不適当なものはどれか。

(1) 誘電正接測定　(2) 接地抵抗測定

(3) 絶縁抵抗測定　(4) 部分放電測定

1級 問題2 図に示すパルス法により地中送電線の事故点を検出する場合、事故点までの距離 x〔m〕を表す式として、正しいものはどれか。ただし、

l：ケーブル長さ〔m〕

v：パルス伝搬速度〔m/μs〕

t：パルスを送り出してから反射波が返ってくるまでの時間〔μs〕

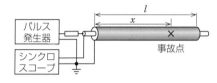

(1) $x = \dfrac{l - vt}{2}$〔m〕　(2) $x = l - vt$〔m〕

(3) $x = \dfrac{vt}{2}$〔m〕　　(4) $x = vt$〔m〕

解答・解説

問題1

接地抵抗測定は、電力ケーブルの絶縁劣化の状態を測定する方法ではない。　　　　　　　　　　　　　　　　　**答 (2)**

問題2

・パルスを送り出してから反射波が戻ってくるまでに伝播する距離は $2x$〔m〕である。

・$vt = 2x$　∴ $x = \dfrac{vt}{2}$〔m〕

(参考) 静電容量法：ケーブルの静電容量が長さに比例することを利用して、静電容量の測定により断線点までの距離を求める方法である。　　　　　　　　　　　　　　　　　　　　**答 (3)**

☺ POINT ☺

直流発電機の整流作用と発電機の種類についてマスターしておく。

1. 直流発電機の整流作用

図に示す発電機の原理図において、磁界中でコイルを一定の速度で回転させたとき、コイルに発生する起電力は半回転ごとに極性が変わるので交流波形である。整流子（S_1 と S_2）とブラシ（B_1 と B_2）を介して直流電圧波形に変換する。**誘導起電力は、回転速度に比例**する。

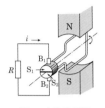

| 図 1　直流発電機 | 図 2　直流電圧波形への変換 |

2. 直流発電機の種類

直流発電機は、電機子 Ⓖ と界磁巻線（F、F_1、F_2）からなり、界磁巻線の接続方法により 4 種類に分類される。

他励発電機	分巻発電機
I_f　$I = I_a$ V_f　F　Ⓖ　V　負荷 $-$　E	I_f　I F　Ⓖ　V　負荷 E
直巻発電機	**複巻発電機**
$I = I_a$ Ⓖ　F　V　負荷 $E -$	I_f　I F_1　Ⓖ　F_2　V　負荷 E

問題1 回転速度 $1\,500\,\mathrm{min}^{-1}$ のときの起電力が $200\,\mathrm{V}$ の直流他励発電機を、回転速度 $1\,200\,\mathrm{min}^{-1}$ で運転したときの起電力の値として、正しいものはどれか。ただし、界磁電流は一定とする。
(1) $128\,\mathrm{V}$　(2) $160\,\mathrm{V}$　(3) $200\,\mathrm{V}$　(4) $250\,\mathrm{V}$

問題2 図に示す直流発電機の界磁巻線の接続方法のうち、分巻発電機の接続図として、適当なものはどれか。ただし、各記号は次のとおりとする。

A：電機子　　　　F：界磁巻線　　I：負荷電流
I_a：電機子電流　I_f：界磁電流

(1)

(2)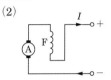

(3)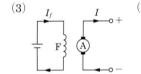

(4)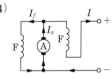

解答・解説

問題1

直流発電機の起電力は、回転速度に比例するので、回転速度 $1\,200\,\mathrm{min}^{-1}$ で運転したときの起電力 E は

$$E = 200 \times \frac{1\,200}{1\,500} = 160\,\text{〔V〕}$$

答 (2)

問題2

界磁巻線 F の接続方法を確認する。
(1) は電機子に分路して F が配置されているので分巻発電機である。
(2) は電機子に直列に F が配置されているので直巻発電機である。
(3) は電機子とは別に F が配置されているので他励発電機である。
(4) は2つの F が配置されているので複巻発電機である。

答 (1)

😸 POINT 😸

同期発電機は、水力発電の水車発電機、火力発電や原子力発電のタービン発電機として採用されている。ここでは、同期発電機の同期速度、電圧変動率の求め方をマスターしておく。

1. 同期速度

同期発電機は、同期速度で回転して一定周波数の交流起電力を発生する。磁極数を p、周波数を f〔Hz〕とすると、同期速度は次式で求められる。

同期速度 $N_s = \dfrac{120f}{p}$ 〔min^{-1}〕

2. 同期発電機の構造

同期発電機には、回転電機子形と回転界磁形とがあり、図のような**回転界磁形**が主流である。

固定子には3個の電機子巻線を $2\pi/3$〔rad〕間隔で配置している。回転子には界磁巻線を施し、これに直流電流を流すことで界磁磁束を作っている。回転子が同期速度で回転すると、電機子には周波数 f〔Hz〕の三相交流が発生する。

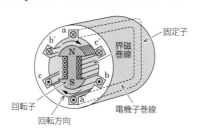

3. 電圧変動率

同期発電機の電圧変動率は、界磁と回転速度を一定とし、定格出力から無負荷にしたときの電圧変動の割合を表す。

電圧変動率 $\varepsilon = \dfrac{V_0 - V_n}{V_n} \times 100$ 〔%〕

ここで、V_n は定格力率における定格出力時の端子電圧〔V〕、V_0 は無負荷にしたときの端子電圧〔V〕である。

問題1 極数 p の三相同期発電機が1分間に N 回転している とき、起電力の周波数 f〔Hz〕を表す式として、正しいものは どれか。

(1) $f = \dfrac{pN}{240}$〔Hz〕　　(2) $f = \dfrac{pN}{120}$〔Hz〕

(3) $f = \dfrac{pN}{60}$〔Hz〕　　(4) $f = \dfrac{pN}{30}$〔Hz〕

1級 **問題2** 定格電圧 6 600 V の同期発電機を、定格力率におけ る定格出力から無負荷にしたとき、端子電圧が 7 920 V になっ た。このときの電圧変動率の値として、正しいものはどれか。 ただし、励磁を調整することなく、回転速度は一定に保つもの とする。

(1) 5.0%

(2) 6.0%

(3) 16.7%

(4) 20.0%

解答・解説

問題1

・同期発電機の回転速度は同期速度 N_s であり、磁極数を p〔極〕、周波数を f〔Hz〕とすると

$$N_s = \frac{120f}{p}\ \text{〔min}^{-1}\text{〕} \quad \therefore f = \frac{pN_s}{120}\ \text{〔Hz〕}$$

・問題では、同期速度 N_s が記号 N で与えられているので、起 電力の周波数 f は

$$f = \frac{pN}{120}\ \text{〔Hz〕}$$

答 (2)

問題2

定格電圧を V_n〔V〕、無負荷電圧を V_0〔V〕とすると、電圧変 動率 ε は次式で表される。

$$\varepsilon = \frac{V_0 - V_n}{V_n} \times 100 = \frac{7\,920 - 6\,600}{6\,600} \times 100 = 20\ \text{〔%〕}$$

答 (4)

☺ POINT ☺

同期発電機の短絡比、並行運転についてマスターしておく。

1. 短絡比

同期発電機の短絡比 K_s は、同期機の特性などを表す目安となるもので、次のように定義される。

$$短絡比\ K_s = \frac{三相短絡電流\ I_s}{定格電流\ I_n} = \frac{100}{\%Z_s}\ 〔\text{p.u.}〕$$

ここで、$\%Z_s$〔%〕は百分率同期インピーダンスである。短絡比の大小による構造面と性能面を比較すると、下表のようになる。

表 短絡比の大小と機械の特徴

区　分	短絡比の大きい機械	短絡比の小さい機械
構造面	**水車発電機：鉄機械** 突極形で軸方向に短い 大形で重量が大きい	**タービン発電機：銅機械** 円筒形で軸方向に長い 小形で軽量である
性能面	回転速度が小（磁極数大） 同期インピーダンスが小 電圧変動率が小さい 過負荷耐量が大きい 安定度が大きい	回転速度が大（磁極数小） 同期インピーダンスが大 電圧変動率大きい 過負荷耐量が小さい 安定度が小さい

2. 自己励磁現象

無励磁で定格運転している同期発電機に、静電容量の大きい長距離無負荷送電線を接続すると、残留電圧によって進み電流が流れ磁化作用を生じて**電圧が上昇**する。

3. 同期発電機の並行運転条件

2台以上の同期発電機を並列運転することを並行運転といい、並行運転では次の5条件を満足させる必要がある。

①起電力の周波数が等しい。
②起電力の大きさが等しい。
③起電力が同位相である。
④起電力の波形が等しい。
⑤相回転が等しい。

問題1 水力発電所に用いられる水車発電機に関する記述として、最も不適当なものはどれか。
  (1) 円筒形の回転子が多く使用される。
  (2) 短絡比は、タービン発電機より大きい。
  (3) 回転速度は、タービン発電機より遅い。
  (4) 立軸形では、軸方向の荷重を支えるスラスト軸受を設置する。

問題2 短絡比が大きい同期発電機と比較した短絡比が小さい同期発電機の記述として、不適当なものはどれか。
  (1) 銅を多く使用しているので銅機械ともいう。
  (2) 同期インピーダンスが小さい。
  (3) 電圧変動率が大きい。
  (4) 電機子反作用が大きい。

問題3 三相同期発電機の並行運転を行うための条件として、必要のないものはどれか。
  (1) 起電力の大きさが等しい。
  (2) 起電力の位相が一致している。
  (3) 起電力の周波数が等しい。
  (4) 定格容量が等しい。

(解答・解説)

(問題1)
円筒形の回転子はタービン発電機で、水車発電機の回転子は突極形である。円筒形の回転子は半径が小さく軸方向に長い。突極形の回転子は半径が大きく軸方向に短い。　　　**答 (1)**

(問題2)
短絡比と同期インピーダンスは反比例の関係にあるので、短絡比が小さい同期発電機（タービン発電機）の同期インピーダンスは大きい。　　　**答 (2)**

(問題3)
定格容量が一致していなくても三相同期発電機の並行運転はできる。電力系統では、原子力発電所、火力発電所、水力発電所のさまざまな定格容量の異なる発電機が並行運転されている。
　　　答 (4)

☺ POINT ☺

誘導電動機の回転速度と速度制御についてマスターする。

1. 誘導電動機の回転速度

三相誘導電動機の固定子には、各相の巻線が電気角で $2\pi/3$ ずつずらして巻かれている。一次側の固定子巻線に流れる三相の励磁電流によって同期速度 N_s の回転磁界を作っている。二次側の回転子はこの回転磁界に

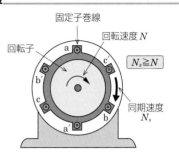

よって巻線内に起電力およびそれに伴う二次電流を生じ、トルクが発生する。回転子の回転速度 N は、滑りを s、極数を p、周波数を f 〔Hz〕とすると、次式で表される。

$$N = N_s(1-s)$$

$$= \frac{120f}{p}(1-s) \ [\text{min}^{-1}]$$

回転子の構造から、**かご形**と**巻線形**がある。

2. 誘導電動機の速度制御

誘導電動機の回転速度の式より、速度制御には変化できる要素として、次の3種類がある。

変化できる要素→周波数 f　極数 p　滑り s

これを具体的に示すと、下図のようになる。

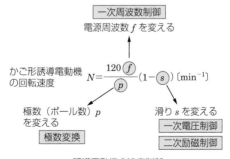

誘導電動機の速度制御

問題1 三相誘導電動機の特性に関する記述として、不適当なものはどれか。

(1) 滑りが減少すると、回転速度は遅くなる。

(2) 周波数を高くすると、回転速度は速くなる。

(3) 極数が少ないと、回転速度は速くなる。

(4) 負荷が増加すると、回転速度は遅くなる。

1級 問題2 三相誘導電動機の速度制御に関する記述として、最も不適当なものはどれか。

(1) 一次電圧制御は、トルクがほぼ一次電圧の2乗に比例することを利用して制御する方式である。

(2) 極数切換制御は、同期速度が極数に正比例することを利用して段階的に制御する方式である。

(3) 巻線形誘導電動機の二次抵抗制御は、比例推移を利用し二次抵抗を変化させて制御する方式である。

(4) 周波数制御は、インバータなどの可変周波数電源を用い周波数を変化させて制御する方式である。

解答・解説

問題1

・回転速度 $N = \dfrac{120f}{p}(1-s)$ 〔$\mathrm{min^{-1}}$〕 の式より、滑り s が減少すると回転速度は速くなる。

・無負荷では同期速度で、負荷がかかると回転速度は遅くなる。定格出力で運転しているときの滑りは5%程度である。

答 (1)

問題2

・誘導電動機の回転速度 N は、**極数 p に反比例**する。

・極数切換制御は、これを利用して極数を段階的に速度制御する方式である。

・周波数制御のうち、インバータ制御は電圧 V と周波数 f の比を一定として速度制御するもので、**V/f 一定制御**と呼ばれている。

・誘導電動機を逆転させるには、3本のうちいずれか2本を入れ替えればよい。3本とも入れ替えると正転に戻る。

答 (2)

☺ POINT ☺

誘導電動機の始動方法についてマスターする。

1. かご形誘導電動機の始動法

誘導電動機の始動時には定格電流の **4〜8 倍**の電流が流れることから、電圧降下が大きくなる。このため、始動電流を抑制する始動法が必要となる。

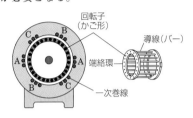

①直入始動	全電圧を直接加えて始動する方法で、**小容量機に採用される。**
②Υ-△始動	固定子巻線を Υ 結線として始動し、運転時に △ 結線とする方法で、**始動電流と始動トルクが直入始動の 1/3** となる。
③リアクトル始動	**リアクトルを直列に入れて始動する方法**で、始動電流を 1/a 倍にすると始動トルクは $1/a^2$ 倍に減少する。
④補償器始動	三相単巻変圧器を用いた**始動補償器**による方法で、始動時は電動機の電圧を 50〜60％に下げ、始動後に全電圧を加える。

2. 巻線形誘導電動機の始動法

二次側に外部抵抗を接続し、抵抗値を徐々に小さくして、始動後は短絡させる。**トルクの比例推移を利用**しているため、高い始動トルクが得られる。

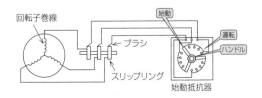

問題1 三相かご形誘導電動機の始動に関する記述として、不適当なものはどれか。

(1) 全電圧始動法は、始動時に定格電圧を直接加える方式である。

(2) Ｙ-△始動法の始動時には、△結線で全電圧始動するときの $1/\sqrt{3}$ の電流が流れる。

(3) Ｙ-△始動法の始動時には、各相の固定子巻線に定格電圧の $1/\sqrt{3}$ の電圧が加わる。

(4) 始動補償器法は、三相単巻変圧器のタップにより、始動時に低電圧を加える方式である。

問題2 三相誘導電動機に関する記述として、不適当なものはどれか。

(1) 電気的制動には、発電制動や回生制動などがある。

(2) 巻線形誘導電動機は、二次側に可変抵抗器を接続することで始動トルクを大きくできる。

(3) かご形誘導電動機は、巻線形誘導電動機に比べて構造が簡単で堅ろうである。

(4) 全負荷時に比べ、無負荷時は滑りが大きくなる。

解答・解説

問題1

Ｙ-△始動法では、△結線で始動した場合に比べて始動電流が 1/3 倍となる。

△結線	Ｙ結線
$I_d = \sqrt{3}\,\dfrac{V}{Z}$ 〔A〕	$I_s = \dfrac{V}{\sqrt{3}Z}$ 〔A〕

答 (2)

問題2

三相誘導電動機の滑り s は、全負荷時は $s = 0.03 \sim 0.05$ で、無負荷時は $s = 0$ である。

(参考) 単相電動機の始動方法には、コンデンサ始動、分相始動、くま取りコイル始動、反発始動がある。

答 (4)

機械6 変圧器 (1)

☺ POINT ☺
変圧器の巻数比や三相の結線方式をマスターする。

1. 誘導起電力と巻数比

一次巻線の巻数を N_1、二次巻線の巻数を N_2、一次の誘導起電力を E_1〔V〕、二次の誘導起電力を E_2〔V〕、一次電流を I_1〔A〕、二次電流を I_2〔A〕とすると

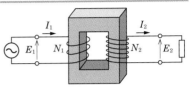

巻数比 $a = \dfrac{N_1}{N_2} = \dfrac{E_1}{E_2} = \dfrac{I_2}{I_1}$

起磁力が等しい $N_1 I_1 = N_2 I_2$

皮相電力が等しい $E_1 I_1 = E_2 I_2$

また、変流比は $\dfrac{I_1}{I_2} = \dfrac{1}{a}$ で表され、巻数比 a の逆数となる。

2. 変圧器の結線方式

三相結線の代表的なものには、下表のものがある。

Υ−Υ結線	相電圧に第3高調波を含み通信線への誘導障害を起こすため、採用されない。
Δ−Υ結線	発電所での**昇圧用**に採用されている。
Υ−Δ結線	受電変電所での降圧用に採用されている。
Υ−Υ−Δ結線	①Υ−Υ結線の欠点を補うため、三次に△巻線を設け、第3高調波電流を環流させている。 ②三次の△結線の部分には、力率改善用コンデンサや分路リアクトルなどの調相設備を接続できる。
Δ−Δ結線	配電用変圧器に使用されている。
Ｖ−Ｖ結線	①柱上変圧器として広く採用されている。 ②変圧器の利用率は$\sqrt{3}/2$ である。
スコット結線	三相を二相に変換し、位相差が**90°**の二相交流が得られる。一次側はＴ結線で、単相負荷が二系統に分割できる場合に採用される。

問題1 図に示す変圧器の一次電流 I〔A〕の値として、正しいものはどれか。ただし、各負荷の電流は図示の値とし、各負荷の力率は 100%、変圧器および電線路の損失は無視する。

(1) 1.0A
(2) 1.7A
(3) 2.0A
(4) 3.3A

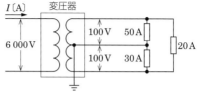

1級 **問題2** 三相変圧器の結線に関する記述として、不適当なものはどれか。ただし、一次および二次の線間電圧はインピーダンス降下を無視するものとする。

(1) △−Y結線は、発電所の昇圧用に多く用いられる。
(2) Y−△結線は、二次側線間電圧の位相が一次側線間電圧より 60° 遅れている。
(3) △−△結線は、平衡負荷の場合に線電流が相電流の $\sqrt{3}$ 倍となる。
(4) Y−Y−△結線は、△巻線内に第3調波を環流させるので、誘導起電力のひずみを抑制できる。

解答・解説

問題1

変圧器と電線路に損失がないため、理想変圧器として取り扱えるので、**一次側皮相電力と二次側皮相電力は等しい。**

$$6\,000I = 100 \times 50 + 100 \times 30 + 200 \times 20 = 12\,000 \,〔\text{V·A}〕$$

一次側　　　　　　二次側

$$\therefore I = \frac{12\,000}{6\,000} = 2 \,〔\text{A}〕$$

答（3）

問題2

Y−△結線は、二次側電圧の位相が一次側より **30° 遅れる**（角変位は 30°）。

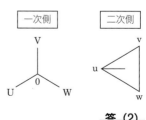

答（2）

😈 POINT 😈

変圧器の損失と効率についてマスターする。

1. 変圧器の損失

変圧器の損失には、無負荷損と負荷損とがある。このうち、無負荷損の大部分は**鉄損**で、**負荷電流に関係なく一定**で、ヒステリシス損と渦電流損がある。

また、負荷損の大部分は**銅損**で、**負荷電流の 2 乗に比例**する。

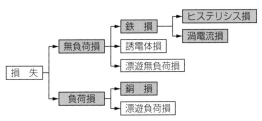

2. 変圧器の効率

変圧器の効率 η は次式のように、**規約効率**で表される。

$$規約効率\ \eta = \frac{出力}{出力＋損失} \times 100\ 〔\%〕$$

出力を P_n〔W〕、無負荷損（鉄損）を P_i〔W〕、負荷損（銅損）を P_c〔W〕とすると

$$規約効率\ \eta = \frac{P_n}{P_n＋P_i＋P_c} \times 100\ 〔\%〕$$

となり、**鉄損と銅損が等しいときに変圧器の効率が最大**となる。

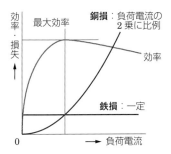

問題1 変圧器の損失に関する記述として、誤っているものはどれか。

(1) 無負荷損の大部分は鉄損である。

(2) 負荷電流が2倍になれば銅損は2倍になる。

(3) 鉄損にはヒステリシス損と渦電流損がある。

(4) 銅損と鉄損が等しいときに変圧器の効率が最大となる。

問題2 変圧器の規約効率 η 〔%〕を表す式として、正しいものはどれか。ただし、各記号は次のとおりとする。

P：出力〔kW〕、P_c：負荷損〔kW〕、P_i：無負荷損〔kW〕

(1) $\eta = \dfrac{P}{P - P_c - P_i} \times 100$ 〔%〕

(2) $\eta = \dfrac{P + P_i}{P - P_c - P_i} \times 100$ 〔%〕

(3) $\eta = \dfrac{P}{P + P_c + P_i} \times 100$ 〔%〕

(4) $\eta = \dfrac{P + P_i}{P + P_c + P_i} \times 100$ 〔%〕

（解答・解説）

（問題1）

・変圧器の損失は、鉄心で生じる鉄損と巻線で生じる銅損とがある。

・銅損は、巻線の抵抗を R〔Ω〕、巻線に流れる電流（負荷電流）を I〔A〕とすると、1相分は RI^2〔W〕で表され、負荷電流の2乗に比例する。

・負荷電流が2倍になれば銅損は $2^2 = 4$ 倍になる。

答 (2)

（問題2）

出力を P〔kW〕、無負荷損（鉄損）を P_i〔kW〕、負荷損（銅損）を P_c〔kW〕とすると、規約効率 η は次式で示される。

規約効率 $\eta = \dfrac{P}{P + P_c + P_i} \times 100$ 〔%〕 **答 (3)**

☺ POINT ☺

変圧器の電圧変動率、並行運転についてマスターする。

1. 電圧変動率

変圧器の二次端子に、定格力率で定格二次電流 I_{2n} となる負荷を接続し、二次端子電圧が定格電圧 E_{2n} となるようにして、一次側電圧を変えずに二次側を無負荷にしたときの二次端子電圧を E_{20} とすると、電圧変動率は次式で表される。

電圧変動率 $\varepsilon = \dfrac{E_{20}-E_{2n}}{E_{2n}} \times 100$ 〔%〕

百分率抵抗降下を p〔%〕、百分率リアクタンス降下を q〔%〕、力率を $\cos\theta$（遅れ）とすると、変圧器の電圧変動率の近似値 ε は、次式で求められる。

$\varepsilon = p\cos\theta + q\sin\theta$〔%〕

2. 変圧器の並行運転

変圧器を並列接続して運転することを並行運転という。並行運転する理由は、次のとおりである。

① 1 台の変圧器が故障しても供給を継続できる。

② 損失が小さく省エネルギーとなる。

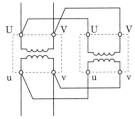

変圧器を並行運転するには、次の条件を満足させなければならない。

①極性が一致している
②巻数比が等しく、定格電圧が等しい
③インピーダンスが容量に逆比例している
④リアクタンスと内部抵抗の比が等しい
⑤三相変圧器では相回転と角変位が等しい

並行運転可能な結線	並行運転不可の結線
△-△と△-△	△-△とΥ-△
Υ-ΥとΥ-Υ	Υ-ΥとΥ-△
△-ΥとΥ-△	（覚え方）△やΥの数が奇数の
V-VとV-V	場合は並行運転できない。

問題1 変圧器の電圧変動率の近似値 ε〔%〕を求める式として、正しいものはどれか。ただし、p は百分率抵抗降下〔%〕、q は百分率リアクタンス降下〔%〕、$\cos\theta$ は力率〔遅れ〕とする。

(1) $\varepsilon = p\cos\theta + q\sin\theta$〔%〕

(2) $\varepsilon = p\sin\theta + q\cos\theta$〔%〕

(3) $\varepsilon = \sqrt{3}(p\cos\theta + q\sin\theta)$〔%〕

(4) $\varepsilon = \sqrt{3}(p\sin\theta + q\cos\theta)$〔%〕

問題2 定格容量が 100 MV・A と 200 MV・A の変圧器を並行運転し、120 MV・A の負荷に供給するとき、変圧器の負荷分担の組合せとして、適当なものはどれか。ただし、2 台の変圧器は並行運転の条件を満足しているものとする。

	100 MV・A 変圧器	200 MV・A 変圧器
(1)	24 MV・A	96 MV・A
(2)	40 MV・A	80 MV・A
(3)	60 MV・A	60 MV・A
(4)	80 MV・A	40 MV・A

解答・解説

問題1

変圧器の電圧変動率の近似値 ε は、次式で表される。

$\varepsilon = p\cos\theta + q\sin\theta$〔%〕　　　　**答 (1)**

問題2

・2 台の変圧器が並行運転の条件を満足している場合には、変圧器の負荷分担は定格容量に比例する。

$$100 \text{ MV・A 変圧器の負荷分担} = 120 \times \frac{100}{100+200} = 40 \text{〔MV・A〕}$$

$$200 \text{ MV・A 変圧器の負荷分担} = 120 \times \frac{200}{100+200} = 80 \text{〔MV・A〕}$$

答 (2)

😽 POINT 😽

電力用コンデンサによる力率改善と電力損失の軽減についてマスターする。

1. 電力用コンデンサの所要容量

負荷の電力を P〔kW〕、無効電力 Q〔kvar〕、負荷力率 $\cos\theta$（遅れ）としたとき、力率を $\cos\theta_0$ に改善するのに必要な電力用コンデンサの容量 Q_c〔kvar〕は、次式で求められる。

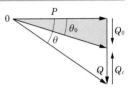

$$Q_c = Q - Q_0 = P(\tan\theta - \tan\theta_0)$$

$$= P\left(\frac{\sin\theta}{\cos\theta} - \frac{\sin\theta_0}{\cos\theta_0}\right)$$

$$= P\left(\frac{\sqrt{1-\cos^2\theta}}{\cos\theta} - \frac{\sqrt{1-\cos^2\theta_0}}{\cos\theta_0}\right) \text{〔kvar〕}$$

2. 電力用コンデンサによる電力損失の軽減

電力損失を最小にするには、力率を 1 に改善すればよいので、無効電力が 0 となるような電力用コンデンサを接続する。電力損失は負荷力率 $\cos\theta$ の 2 乗に反比例するので、電力用コンデンサ接続前の電力損失を p、力率を $\cos\theta_1$、コンデンサ接続後の力率を $\cos\theta_2$ とすると、電力用コンデンサ接続後の電力損失 p' は、次のようになる。

$$p' = \left(\frac{\cos\theta_1}{\cos\theta_2}\right)^2 \times p \text{〔W〕} \leftarrow \boxed{\text{電力損失は力率の 2 乗に反比例}}$$

3. 電力用コンデンサの附属設備

①直列リアクトル：電力用コンデンサが、高調波電流によって焼損するのを防止するため、電力用コンデンサに直列に接続する。第 5 調波に対して、コンデンサ回路の合成リアクタンスが誘導性となるようにする。

②放電コイル：電力用コンデンサに対して並列に接続する。コンデンサ開放時の残留電荷を速やかに放電させるために用いられる。

（参考）放電コイルと放電抵抗の能力

放電コイルは開路後 5 秒以内に、放電抵抗は開路後 5 分以内にコンデンサの電圧を 50 V 以下にする能力がある。

1級 「**問題1**」 有効電力 P が $1\,200\,\mathrm{kW}$ で力率 0.6 の三相負荷に接続して、力率を 0.8 に改善するために必要な電力用コンデンサの容量 Q_c 〔kvar〕として、正しいものはどれか。

O ─── P ───→

Q_c

(1) 240 kvar
(2) 336 kvar
(3) 700 kvar
(4) 900 kvar

解答・解説

問題1

・有効電力 $P = 1\,200$〔kW〕のときの力率を $\cos\theta = 0.6$ とすると、無効電力 Q は

$$Q = P\tan\theta = P \times \frac{\sin\theta}{\cos\theta} = P \times \frac{\sqrt{1-\cos^2\theta}}{\cos\theta}$$

$$= 1\,200 \times \frac{\sqrt{1-0.6^2}}{0.6} = 1\,200 \times \frac{0.8}{0.6} = 1\,600 \,\text{〔kvar〕}$$

（参考） $\sin^2\theta + \cos^2\theta = 1$ ∴ $\sin\theta = \sqrt{1-\cos^2\theta}$

・力率を $\cos\theta' = 0.8$ に改善した後の無効電力 Q' は

$$Q' = P\tan\theta' = P \times \frac{\sqrt{1-\cos^2\theta'}}{\cos\theta'}$$

$$= 1\,200 \times \frac{\sqrt{1-0.8^2}}{0.8} = 1\,200 \times \frac{0.6}{0.8} = 900 \,\text{〔kvar〕}$$

・必要な電力用コンデンサの容量 Q_c は

$Q_c = Q - Q'$
$= 1\,600 - 900 = 700$〔kvar〕

電力用コンデンサ

答 (3)

☺ POINT ☺

電動機の所要動力の求め方をマスターする。

1. 巻上機用電動機の所要動力

m〔kg〕の物体を巻上速度 v〔m/s〕で巻き上げるとき、必要な電動機の所要動力 P は、次式で計算できる。ただし、K は電動機の余裕係数、g は重力加速度（9.8）〔m/s²〕、η は効率〔p.u.〕である。

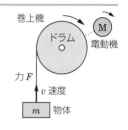

所要動力 $P = K \dfrac{mgv}{\eta}$ 〔W〕

2. 揚水用電動機の所要動力

揚水流量 Q〔m³/s〕、全揚程 H〔m〕であるとき、揚水に必要な電動機の所要動力 P は、次式で計算できる。ただし、K は電動機の余裕係数、η は効率〔p.u.〕である。

所要動力 $P = K \dfrac{9.8QH}{\eta}$ 〔kW〕

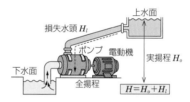

全揚程 H = 実揚程 H_0 + 損失水頭 H_l〔m〕

3. 送風機用電動機の所要動力

風量 Q〔m³/s〕、送風機の風圧が H〔パスカル Pa〕であるとき、送風に必要な電動機の所要動力 P は、次式で計算できる。ただし、K は電動機の余裕係数、η は効率〔p.u.〕である。

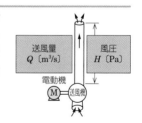

所要動力 $P = K \dfrac{QH}{\eta}$ 〔W〕

問題1 電動機に関する次の記述のうち、不適当なものはどれか。

(1) 整流子電動機は、整流子の保守点検が複雑である。

(2) 直流直巻電動機は、速度制御が困難である。

(3) 誘導電動機は、構造が簡単で堅ろうである。

(4) 同期電動機は、励磁用の直流電動機が必要であるが、大出力用に使用される。

1級 **問題2** 巻上装置にて 12 kN の巻上荷重を 10 m/min の速度で巻き上げるときの電動機の所要出力として、正しいものはどれか。ただし、巻上装置の総合効率は 80％とする。

(1) 0.4 kW

(2) 0.6 kW

(3) 1.6 kW

(4) 2.5 kW

解答・解説

問題1

直流直巻電動機は電気車などに使用され、抵抗制御、電圧制御、界磁制御により速度制御している。　　　　　　　　　　**答 (2)**

問題2

・物体の質量を m〔kg〕、重力加速度を g（=9.8）〔m/s²〕、巻上速度を v〔m/s〕、余裕係数を K、効率を η とすると、巻上機の所要動力 P は次式で表される。

$$P = K\frac{9.8mv}{\eta}\ \text{〔W〕}$$

・$9.8m = 12 \times 10^3$〔N〕で、$K=1$ とすると

$$所要動力\ P = \frac{9.8mv}{\eta} = \frac{12 \times 10^3 \times \left(\dfrac{10}{60}\right)}{0.8}$$

$$= 2\,500\ \text{〔W〕} = 2.5\ \text{〔kW〕}\qquad\text{**答 (4)**}$$

😺 **POINT** 😺

照明の基礎用語についてマスターしておく。

1. 光と波長

電磁波の波長は短い順に、X 線→紫外線→**可視光線**→赤外線
となっている。人の目に見える可視光線は、380 nm（紫）〜
760 nm（赤）であり、最も視感度がよい波長は555 nm（黄緑）
である。

2. 照明の基礎用語

最も基本的な用語を図示すると下図のようになる。

（参考） 単位の読み方：cd →カンデラ、lm →ルーメン、lx →
ルクス

色温度

高温物体の光色と**同じ光色の黒体の温度を高温物体の温度と
すること**をいい、色温度が高いと青みがかった光色、低いと赤
みがかった光色になる。

演色性

ランプで照明されたものの色の見え方のことで、**平均演色評
価数の数値が高いほど自然光**に近づく。白熱電球は演色性がよ
く、低圧ナトリウムランプは演色性が悪い。

グレア（まぶしさ）

見え方の低下や不快感や疲労を生じる原因となる光のまぶし
さをいう。

発光効率

$$発光効率＝\frac{ランプの全光束〔lm〕}{ランプの消費電力〔W〕}$$

問題1 照明に関する用語と単位の組合せとして、不適当なものはどれか。

　　　用語　　単位
(1) 輝度　　lx
(2) 光度　　cd
(3) 光束　　lm
(4) 色温度　K

問題2 照明に関する記述として、不適当なものはどれか。

(1) 放射束とは、単位時間にある面を通過する放射エネルギーの量をいう。
(2) 光束とは、電磁波の放射束のうち光として感じるエネルギーの量をいう。
(3) 光度とは、点光源からある方向の単位立体角当たりに放射される光束の量をいう。
(4) 輝度とは、光を受ける面の単位面積当たりに入射する光束の量をいう。

問題3 事務所の室等のうち、「日本産業規格（JIS）」の照明設計基準上、維持照度の推奨値が最も低いものはどれか。

(1) 事務室　(2) 会議室　(3) 電気室　(4) 廊下

解答・解説

問題1
輝度の単位は〔cd/m²〕（カンデラ）で、照度の単位は〔lx〕（ルクス）である。
答 (1)

問題2
輝度は、ある方向への光度をその方向への光源の見かけ上の面積で割ったものである。

輝度 $L = \dfrac{\text{ある方向への光度 } I \text{〔cd〕}}{\text{その方向への光源の見かけ上の面積 } S' \text{〔m}^2\text{〕}}$ である。
答 (4)

問題3
維持照度の推奨値は、事務室が 750〔lx〕、会議室が 500〔lx〕、電気室が 200〔lx〕、廊下が 100〔lx〕である。
答 (4)

☻ POINT ☻

各種光源の発光原理と特徴についてマスターしておく。

1. 光源の種類と特徴

種　類		発光原理	特　徴
白熱電球		**温度放射**：フィラメントの加熱による発光	**演色性は良い**が、寿命が短く効率も低い。
ハロゲン電球		**温度放射**：微量のよう素を封入	**ハロゲンサイクル**によって**長寿命**である。
蛍光灯		**放射ルミネセンス**：低圧水銀中の**アーク放電**を利用	**効率が高く長寿命**で、**Hf ランプ**は、**イ**ンバータ蛍光灯である。
H I D ランプ	高圧水銀ランプ	**電気ルミネセンス**：高圧水銀中の**アーク放電**を利用	効率が高く長寿命であるが、**始動時間が長**く、**演色性が悪い**。
	メタルハライドランプ	**電気ルミネセンス**：水銀ランプ中に金属ヨウ化物を添加したもの	水銀ランプより**演色性が改善**されている。
	ナトリウムウランプ	**電気ルミネセンス**：ナトリウム蒸気中のアーク放電を利用	**低圧ナトリウムランプ**は、**効率が非常に高**い。オレンジ色の**単色光**で**演色性が悪い**。
LED		**エレクトロルミネセンス**：発光ダイオードを用いる	発光効率が高く、**長寿命**（約 40 000 時間：電球型）である。

（参考）**HID ランプ**は、**高輝度放電ランプ**で、大規模空間の照明に使用される。

2. 発光ダイオード（LED）

順方向に電圧を印加したときに発光する発光ダイオードを用いている。白色 LED ランプは、青色 LED と黄色蛍光体による発光を利用している。

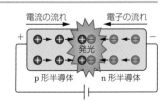

問題1 照明の光源に関する記述として、最も不適当なものはどれか。

(1) 低圧ナトリウムランプは、単色光の光源であるため、演色性が悪い。

(2) 高圧水銀ランプは、消灯直後の水銀蒸気圧が高いため、すぐには再始動できない。

(3) メタルハライドランプは、高圧水銀ランプに比べ演色性が良い。

(4) 蛍光ランプは、熱放射による発光を利用している。

問題2 蛍光ランプや水銀ランプに利用されている放電現象として、正しいものはどれか。

(1) 火花放電　　(2) コロナ放電

(3) アーク放電　(4) グロー放電

1級

問題3 LED 照明に関する記述として、最も不適当なものはどれか。

(1) LED は pn 接合の半導体であり、順方向に電流を流すと発光する。

(2) 白色光を得るには、青色 LED とその光が当たると黄色に発光する蛍光体を使用する方法がある。

(3) 白色 LED は、ハロゲン電球に比べて平均演色評価数が高い。

(4) エポキシ樹脂でモールドされた LED は、電球形蛍光ランプに比べて振動や衝撃に強い。

解答・解説

問題1

白熱電球やハロゲン電球は、熱放射（温度放射）による発光を利用している。蛍光ランプは、放射ルミネセンスによる発光を利用している。

答 (4)

問題2

蛍光ランプや水銀ランプは、アーク放電を利用している。

答 (3)

問題3

平均演色評価数 Ra は、白色 LED の 60～80 に対し、ハロゲン電球は 100 と高い。

答 (3)

☻ POINT ☻

水平面照度の求め方と光束法による平均照度の求め方をマスターしておく。

1. 水平面照度の求め方

点光源 L の P 方向に向かう光度を I 〔cd〕、LP の距離を r〔m〕、∠PLO を θ とすると、床面 P 点の照度は次の式で求められる。

法線照度 $E_n = \dfrac{I}{r^2}$ 〔lx〕

↑

距離の逆 2 乗の法則という

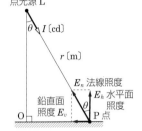

1級 水平面照度 $E_h = \dfrac{I}{r^2}\cos\theta$ 〔lx〕

1級 鉛直面照度 $E_v = \dfrac{I}{r^2}\sin\theta$ 〔lx〕

1級 2. 光束法による平均照度の求め方

複数本のランプで全般照明を行う場合、**部屋の平均照度を求める**のに光束法が用いられる。ランプ 1 本の光束を F〔lm〕、灯数を N、照明率を U、保守率を M、被照面積を S〔m²〕とすると、平均照度 E は次の式で求められる。

$$E = \frac{FNUM}{S} \text{〔lx〕}$$

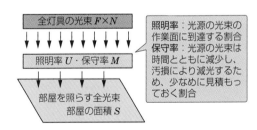

（参考）室指数が大きいほど、照明率は大きくなる。

$$\text{室指数} = \frac{\text{室の間口×室の奥行}}{(\text{室の間口＋室の奥行})×\text{作業面より光源までの高さ}}$$

1級 **問題1** 図の Q 点における水平面照度が 8〔lx〕であった。点光源 A の光度 I〔cd〕は。

- (1) 50
- (2) 160
- (3) 250
- (4) 300

光源 A　光度 I〔cd〕

θ

4 m

Q 点

3 m

1級 **問題2** 間口 12 m、奥行 18 m の事務室の天井に 2 灯用の蛍光灯器具を配置し、光束法により計算した水平面の平均照度を 700 lx とするための器具台数として、正しいものはどれか。
ただし、ランプ 1 本の光束を 5 000 lm、照明率を 0.6、保守率を 0.7 とする。

(1) 15 台　(2) 27 台　(3) 36 台　(4) 72 台

解答・解説

問題1

・AQ 間の距離 $r = \sqrt{4^2+3^2} = 5$〔m〕

・水平面照度 E_h は、$E_h = \dfrac{I}{r^2}\cos\theta$〔lx〕であるので

$$光度\ I = \frac{E_h r^2}{\cos\theta} = \frac{8 \times 5^2}{\dfrac{4}{5}} = 250\ 〔cd〕$$

答 (3)

問題2

・光束法は、ランプまたは照明器具の数量と形状、部屋の特性、作業面の**平均照度**の関係を予測する計算方法である。

・$E = \dfrac{FNUM}{S}$〔lx〕を変形すると、必要な灯数 N は

$$N = \frac{ES}{FUM} = \frac{700 \times (12 \times 18)}{5\ 000 \times 0.6 \times 0.7} = 72\ 〔灯〕$$

・器具台数 $= \dfrac{N}{2} = 36$〔台〕

答 (3)

☺ POINT ☺

照明方法と配光曲線、器具の配置による照明方式について、概要をマスターしておく。

1. 照明方法と配光曲線

照明方法には下表のような種類があり、それぞれ配光曲線の形が異なる。

	直接照明	半直接照明	全般拡散照明	半間接照明	間接照明
器具					
配光曲線					

2. 器具の配置による照明方式

全般照明	部屋全体を一様に照らすことを目的としたもので、照明器具を作業面の位置に関係なく配置し床全体を照らす。
局部全般照明	作業場所の照度を高く、他の場所の照度を低くする。図のような**タスク・アンビエント照明**も局部全般照明で、室内全体照明のアンビエント照明と、机上の局所照明のタスク照明を組み合わせて省エネルギーを図る。 タスク・アンビエント照明
局部照明	作業面などの**小範囲のみを照らす**もので、机のスタンド器具やスポットライトなどがこれに該当する。

問題1 照明器具の配光に関する次の文章に該当する照明方式として、最も適当なものはどれか。

「下方への光束が多いので一般的に照明率はよいが、陰影が濃くまぶしさを与える。」

(1) 直接照明　(2) 全般拡散照明
(3) 間接照明　(4) 半間接照明

問題2 照明器具形式とその管軸に垂直な断面の配光曲線の組合せとして、不適当なものはどれか。

照明器具形式　　配光曲線　　　　照明器具形式　　配光曲線

 　(2)

(1)

(3) 　(4)

問題3 一般事務室照明の省エネルギー対策に関する記述として、最も不適当なものはどれか。

(1) 点滅区分を細分化して、こまめに点滅できるようにする。
(2) 埋込下面開放器具に替えて、埋込下面カバー付器具を採用する。
(3) 明るさセンサを設置し、照明の調光制御を行う。
(4) ラピッドスタート式蛍光灯器具に替えて、Hf蛍光灯器具を採用する。

解答・解説

問題1

直接照明は、下方への光束が多いので一般的に照明率はよいが、陰影が濃くまぶしさを与える。　　**答 (1)**

問題2

ルーバ照明は、(◯) 形の配光曲線である。　　**答 (4)**

問題3

埋込下面カバー付器具にすると、照度が低下するため、省エネルギーとはならない。　　**答 (2)**

☺ POINT ☺

電気加熱方式についてマスターしておく。

1. 電気加熱の特長

　電気加熱は、電気エネルギーを熱エネルギーに変換し、その熱で物質を加熱する。燃料の燃焼による加熱に対し、次のような特長がある。

①高温が得られ熱効率が高い。
②内部加熱ができる。
③局部加熱・均一加熱ができる。
④炉気制御が可能で温度調節や操作が容易である。
⑤製品の品質がよい。

2. 電気加熱方式の種類

　電気加熱方式の代表的なものは、下表のとおりである。

①抵抗加熱	抵抗に電流を流したときのジュール熱を利用して加熱する。 **用途**・直接抵抗炉：黒鉛化炉 　　　・間接抵抗炉：塩浴炉
②アーク加熱	アーク放電の高温を利用し、被熱物-電極間または電極間にアークを発生させる。 **用途**・アーク炉やアーク溶接
③誘導加熱	交番磁界中で、渦電流損やヒステリス損を利用して、導電性物体を加熱する。高周波では、表皮効果により表面加熱ができる。 **用途**・誘導炉、各種金属の溶融 　　　・鋼材などの表面焼入 　　　・電磁調理器（IHヒータ）
④誘電加熱	5〜3 000 MHz の交番電界中で、誘電体損を利用して、誘電体（絶縁物）を加熱するもので、内部まで均一に加熱できる。 **用途**・木材・紙・布などの乾燥 　　　・食品の殺虫殺菌 　　　・電子レンジ（マイクロ波加熱）
⑤赤外線加熱	赤外線電球などの放射エネルギーを利用する。

問題1 電気加熱方式に関する記述として、不適当なものはどれか。

(1) 抵抗加熱は、ジュール熱を利用する。

(2) アーク加熱は、電極間に生ずる放電を利用する。

(3) 赤外線加熱は、赤外放射エネルギーを利用する。

(4) 誘電加熱は、渦電流損とヒステリシス損を利用する。

1級 **問題2** 電気加熱方式に関する次の文章中、□□□に当てはまる語句の組合せとして、適当なものはどれか。

「誘導加熱は、交番磁界中において、□イ□物体中に生じる□ロ□により加熱する方式である。」

    イ   ロ

(1) 導電性 渦電流損

(2) 導電性 誘電体損

(3) 絶縁性 渦電流損

(4) 絶縁性 誘電体損

解答・解説

問題1

誘電加熱は、高周波の**交番電界内**において**誘電体（絶縁物）**に生じるによる**誘電体損**により加熱するもので、物質の内部から均一に加熱できる。

交番電界

答 (4)

問題2

誘導加熱は、**交番磁界内**において**導電性の物体**に生じる**渦電流損**や磁性材料に生じるヒステリシス損により加熱するもので、IH調理器（電磁調理器）などに利用されている。

交番磁界 渦電流

答 (1)

☺ POINT ☺

蓄電池と電気分解の適用例についてマスターしておく。

1. 蓄電池の種類

一次電池は放電のみの電池で、二次電池（蓄電池）は充放電の反復使用ができる。

代表的な蓄電池

鉛蓄電池	正極	過酸化鉛（PbO_2）
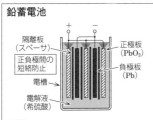 隔離板（スペーサ） 正負極間の短絡防止 正極板（PbO_2） 負極板（Pb） 電槽 電解液（希硫酸）	電解液	希硫酸（H_2SO_4）
	負極	鉛（Pb）
	公称電圧	2 V
特徴 ①放電すると希硫酸の濃度が低下し、比重が下がる。 ②液面減少時には蒸留水を補充する。	（充放電時の化学反応） 陽極　電解液　陰極 $$PbO_2 + 2H_2SO_4 + Pb$$ 放電↓↑充電 陽極　電解液　陰極 $$PbSO_4 + 2H_2O + PbSO_4$$	
ニッケルカドミウム蓄電池	正極	ニッケル酸化物
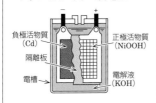 負極活物質（Cd） 正極活物質（NiOOH） 隔離板 電槽 電解液（KOH）	電解液	水酸化カリウム（KOH）
	負極	カドミウム
	公称電圧	1.2 V
	特徴　アルカリ蓄電池で、 ①堅牢で取扱いが簡単で、過放電や過充電の放置による害が少ない。 ②アンペア時効率が低い。 ③放電しても電解液の比重変化はない。	

2. 電気分解の適用例

電気分解は、電解質の溶液に差し込んだ電極に電流を流すと、電極と溶液の間で酸化還元反応が起き、電解質が分解されるという現象である。電気分解は、「**高純度物質の採集、電気めっき、電解研磨、電鋳、水の同位元素（重水）の圧縮**」などに適用されている。

問題1 据置鉛蓄電池に関する記述として、不適当なものはどれか。

(1) 温度が高いほど、自己放電は大きくなる。
(2) 放電すると、電解液の比重は上がる。
(3) 制御弁式鉛蓄電池（MSE形）は、電解液への補水が不要である。
(4) 電解液は亜希硫酸である。

問題2 蓄電池の充電方式に関する次の文章に該当する用語として、適当なものはどれか。

「整流器に蓄電池と負荷とを並列に接続し、常に蓄電池に定電圧を加えて充電状態を保ち、同時に負荷へ電力を供給する充電方式」

(1) 回復充電　　　(2) 均等充電
(3) トリクル充電　(4) 浮動充電

解答・解説

問題1

①鉛蓄電池の電解液は希硫酸で、放電すると硫酸濃度が低下し水になるため電解液の比重が下がり、充電すると比重は上がる。
②放電容量は、**放電電流が大きいほど小さくなる**。
③過度に放電すると、電極に白色硫酸鉛が生ずる**サルフェーション**が発生する。　　　　　　　　　　　　　　**答 (2)**

問題2

(1) **回復充電**：停電によって放電した場合、電圧を高めて充電することで早く容量を回復させる。
(2) **均等充電**：多数個の蓄電池を一組として使用する場合、充電の均一化のため定期的に高い電圧で充電する。
(3) **トリクル充電**：負荷から切り離して、蓄電池の自己放電による容量損失を補う程度の微小な電流で充電する。

答 (4)

1級

電気工学／電気設備／関連分野／施工管理／法規

☺ POINT ☺

無停電電源装置（UPS：Uninterruptible Power Supply）について マスターしておく。

1級 1. 無停電電源装置

通常、**UPS** と呼ばれ、電源の停電トラブルからコンピュータや情報通信機器を保護する装置で、**機器と電源との間に設置**する。UPS は、整流器、インバータ、蓄電池などから構成されている。

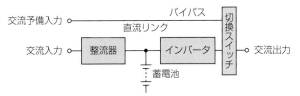

①**常時インバータ給電方式**：通常運転状態では、負荷電力は整流器とインバータとの組合せによって給電され、蓄電池は充電される。停電時には、蓄電池の直流をインバータで交流に変換し、負荷に供給する。バイパスは、保守期間中、負荷電力の連続性を維持するために設けられる電力経路である。

②**常時商用給電方式**：**通常の運転時は商用電源を直接負荷に給電**し、停電時にはインバータ側に切り換わり、蓄電池の直流をインバータで交流に変換して供給する。

UPS では、停電発生と同時に、自動的に蓄電池からの電源供給を開始し、システムの異常終了によるデータ消失などを防ぐことができる。

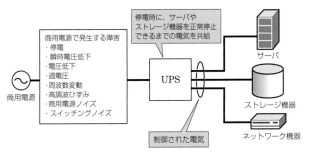

1級 問題1 UPS について、不適当なものはどれか。

(1) 並列冗長 UPS では、常用 UPS ユニットの故障に備え、別の UPS ユニットを待機させておく。

(2) システム切換時間とは、異常状態または許容条件範囲の逸脱が発生してから出力量の切換えが完了するまでの時間である。

(3) 部分並列 UPS では、複数の並列運転インバータを含み、蓄電池か整流器のどちらかが両者を共用する。

(4) 停電補償時間とは、指定された使用条件で、入力電源が停電し、エネルギー蓄積装置が満充電状態から放電を開始したとき、UPS が負荷に少なくともその期間連続給電できる時間である。

1級 問題2 UPS について、不適当なものはどれか。

(1) 瞬断時間とは、UPS スイッチの開動作の開始から、回路の電流がなくなるまでの時間である。

(2) 定格出力容量とは、製造業者によって定められた連続して使用できる出力容量である。

(3) 同期切換とは、周波数と位相が同期状態にあり、電圧が許容範囲で一致している 2 つの電源の間での負荷電力の切換えである。

(4) UPS スイッチは、UPS や UPS ユニットまたはバイパス出力を負荷へ接続、または負荷から切り離すために用いられるスイッチである。

解答・解説

問題1

常用 UPS、予備 UPS を設け、常用 UPS 故障時に予備 UPS に同期無瞬断切換を行う方法は、待機構成システムである。**並列冗長 UPS は、常時は複数台の UPS が負荷分担して並列運転し、いずれかの UPS が故障したとき残りの UPS で全負荷を負える**システムである。　　　　　　　　　　　**答 (1)**

問題2

瞬断時間は、停電発生時などにおいて、UPS が蓄電池側への運転に切り換える時間である。　　　　　　　　　　**答 (1)**

😈 POINT 😈

シーケンス制御とフィードバック制御の概要をマスターしておく。

1. シーケンス制御とフィードバック制御

①**シーケンス制御**：**開ループ制御**で、あらかじめ定められた**順序または手続**に従って、制御の各段階を逐次進めていく制御方式で、一般に「入」と「切」などの不連続量を対象として扱う制御方式である。**→全自動洗濯機**

②**フィードバック制御**：**閉ループ制御**で、制御量を目標値と比較し、偏差（ずれ）があれば**訂正動作**を**連続的に行う**制御方式である。**→エアコン制御**

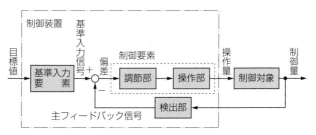

2. シーケンス制御の基本回路

シーケンス制御の基本回路（論理回路）は、下記の5種類である。特に、入力と出力の関係を抑えておこう！

AND （論理積）	OR （論理和）	NOT （否定）	NAND （否定論理積）	NOR （否定論理和）
2つの入力がONであれば出力がONとなる。	2つの入力のうち片方でもONであれば出力がONとなる。	入力のON/OFFを反転した出力となる。	AND回路の出力をNOTで反転させたものである。	OR回路の出力をNOTで反転させたものである。

1級 **問題1** シーケンス制御とフィードバック制御に関する記述として、最も不適当なものはどれか。

(1) シーケンス制御は、あらかじめ定められた順序または手続に従って、制御の各段階を順次進めていく制御である。

(2) シーケンス制御は、目標値の特性により定値制御、追従制御などに分類される。

(3) フィードバック制御は、制御量を目標値と比較し、それらを一致させるように操作量を生成する制御である。

(4) フィードバック制御は、制御量の種類によりサーボ制御、プロセス制御などに分類される。

1級 **問題2** 入力（A，B）と出力（X）の状態が真理値表の関係となる場合の論理回路の名称として、適当なものはどれか。

(1) OR 回路
(2) AND 回路
(3) NOR 回路
(4) NAND 回路

入　　力		出　力
A	B	X
OFF	OFF	ON
OFF	ON	ON
ON	OFF	ON
ON	ON	OFF

真理値表

解答・解説

問題1

フィードバック制御は、目標値が時間的に一定の**定値制御**、目標値が時間的に変化する**追従制御（追従制御、比率制御、プログラム制御）** に分類される。

答 (2)

問題2

・NAND 回路は AND 回路の後段に NOT 回路を付したもので、入力 AB とも ON のとき、出力 X が OFF となる。

・ブール代数で表すと、NAND は X＝$\overline{A \cdot B}$ となる。

答 (4)

☻ POINT ☻

電気事業法の目的と電気工作物の区分をマスターしておく。

1. 電気事業法の目的

「電気事業の運営を適正かつ合理的ならしめることによって、電気の使用者の利益を保護し、および電気事業の健全な発達を図るとともに、電気工作物の工事、維持、運用を規制することによって、公共の安全を確保し、環境の保全を図ることを目的とする。」と規定している。

2. 電気工作物の区分

電気工作物は、事業用電気工作物と一般用電気工作物に区分され、事業用電気工作物は、電気事業用電気工作物と自家用電気工作物に区分されている。

一般用電気工作物	自家用電気工作物
① 600 V 以下で受電し、受電の電線路以外に電線路を構外に出し、構外の電気工作物と電気的に接続していない ②小出力発電設備以外の発電設備が同一の構内に設置されていない ③爆発性や引火性の物が存在する場所に設置されていない	①高圧・特別高圧で受電 ②構外にわたる電線路を有する ③発電設備と同一の構内にある（小出力発電設備を除く） ④火薬取締法・鉱山保安規則の適用を受ける事業所に設置する

3. 小出力発電設備

電圧 600 V 以下の発電設備で下表のものが該当する。

発電所の種類	出 力	
①太陽電池発電設備	50 kW 未満	他の電気工作物と電気的に接続され、①～⑥の合計出力が 50 kW 以上となるものを除く
②風力発電設備	20 kW 未満	
③水力発電設備		
④内燃力発電設備	10 kW 未満	
⑤燃料電池発電設備		
⑥スターリングエンジン発電設備		

4. 電気工作物から除かれるもの

電圧 30V 未満の電気的設備であって、電圧 30V 以上の電気的設備と電気的に接続されていない工作物は、電気工作物から除かれる。

5. 供給電圧と周波数

一般送配電事業者は、電気の**供給電圧**を表の値に、周波数は、**標準周波数**に等しい値にしなければならない。

標準電圧	維持値
100V	101±6V
200V	202±20V

問題1 一般用電気工作物に関する記述として、誤っているものはどれか。

(1) 高圧受電のものは、一般用電気工作物となる。

(2) 低圧受電で、小出力発電設備を同一構内に施設するものは一般用電気工作物となる。

(3) 低圧受電でも、火薬類を製造する事業場など、設置する場所によっては一般用電気工作物とならない。

(4) 低圧受電でも、出力 60kW の太陽電池発電設備を同一構内に施設すると、自家用電気工作物となる。

問題2 一般用電気工作物の構内に設置する小出力発電設備に該当するものとして、「電気事業法」上、適当なものはどれか。ただし、電圧は 600V 以下とし、他の小出力発電設備は同一構内に設置していないものとする。

(1) 出力 30kW の風力発電設備

(2) 出力 30kW の水力発電設備

(3) 出力 30kW の太陽電池発電設備

(4) 出力 30kW の燃料電池発電設備

解答・解説

問題1

高圧で受電するものは、自家用電気工作物である。　**答 (1)**

問題2

太陽電池発電設備は、**50kW 未満**が小出力発電設備である。小出力発電設備は、すべて「未満」で規定されていることに注意しておく必要がある。　**答 (3)**

😺 POINT 😺

保安規程と電気主任技術者についてマスターしておく。

1. 保安規程の作成と届出

保安規程は、電気工作物の工事、維持、運用に関する保安を確保するための保安上なすべき義務が定められている。

①自家用電気工作物の設置者は、使用の開始前に保安規程を作成し、経済産業大臣に届け出る。保安規程を変更したときも、遅滞なく同様に届け出る。

②電気工作物の設置者および従業者は、保安規程を守らなければならない。

2. 保安規程に記載すべき事項

①電気工作物の工事、維持、運用に関する業務管理者の職務および組織

②従事者に対する保安教育

③保安のための巡視、点検および検査

④運転または操作

⑤発電所の運転を長期間停止する場合の保全の方法

⑥災害その他非常の場合にとるべき措置

⑦保安についての記録

⑧法定事業者検査に係る実施体制と記録の保存

⑨その他保安に関して必要な事項(省エネは対象外!)

3. 電気主任技術者の保安監督範囲

電気主任技術者の保安監督できる電気工作物の工事、維持、運用の範囲は、下表のとおりである。

免状の種類	監督できる範囲
第一種電気主任技術者	すべての電気設備
第二種電気主任技術者	170 kV 未満の電気設備
第三種電気主任技術者	50 kV 未満の電気設備 (発電出力は 5 000 kW 未満)

4. 主任技術者の選任と届出

事業用電気工作物の設置者は、保安の監督をさせるため、電気主任技術者免状の交付を受けているものから選任し、遅滞なく経済産業大臣に届け出る。解任したときも同様である。

5. 主任技術者の義務および指示

①主任技術者は、事業用電気工作物の**工事、維持、運用に関す**る保安の監督の職務を誠実に行わなければならない。

②事業用電気工作物の工事、維持、運用に従事する者は、主任技術者がその保安のためにする指示に従わなければならない。

問題1 保安規程に関する記述として、「電気事業法」上、誤っているものはどれか。

(1) 事業用電気工作物を設置する者が定める。

(2) 事業用電気工作物の工事、維持および運用に関する保安を確保するために定める。

(3) 保安を一体的に確保することが必要な事業用電気工作物の組織ごとに定める。

(4) 事業用電気工作物の使用の開始後、遅滞なく届け出る。

問題2 自家用電気工作物について、第二種または第三種電気主任技術者が、保安の監督を行える電圧の範囲の組合せとして、「電気事業法」上、正しいのはどれか。

	第二種電気主任技術者	第三種電気主任技術者
(1)	100 000 V 未満	25 000 V 未満
(2)	100 000 V 未満	50 000 V 未満
(3)	170 000 V 未満	25 000 V 未満
(4)	170 000 V 未満	50 000 V 未満

解答・解説

問題1

事業用電気工作物の設置者は、電気工作物の工事、維持、運用に関する保安を確保するため保安規程を定め、事業用電気工作物の**使用の開始前**に経済産業大臣に届け出なければならない。

答 (4)

問題2

第二種電気主任技術者は **170 kV 未満**、**第三種**電気主任技術者は **50 kV 未満**（発電出力は 5 000 kW 未満）の電気工作物の保安の監督ができる。

答 (4)

☻ POINT ☻

電気事故報告についてマスターしておく。

1. 電気事故報告

　電気事業者および自家用電気工作物を設置する者は、**感電による死傷事故、電気火災、主要電気工作物の破損**、広範囲にわたる停電など重要な事故が発生したときは、所轄の**産業保安監督部長**に**事故報告**をしなければならない。

●**速報**：事故の発生を知ったときから**24時間以内**可能な限り速やかに
●**詳報**：事故の発生を知った日から**30日以内**

（参考1） 速報は**電話、FAX**などでよい。
　　　　　詳報は**電気事故報告書**が必要である。

（参考2） 速報の内容
①いつ（事故発生の日時）、②どこで（事故発生の場所）、③何が（事故発生の電気工作物）、④どうなった（事故の概要、他に及ぼした障害、被害者）

2. 報告義務のある事故内容

　報告義務のある事故内容は、下表のとおりである。

種　類	内　容（自家用関係）
感電死傷	死亡、入院を伴う負傷
感電以外の死傷	死亡、入院を伴う負傷 （例：アークによる火傷等）
電気火災	半焼以上　※ボヤは除く
電気工作物に係る物損等	太陽電池モジュールまたは架台、風車ブレード等の構外へ飛散による物損等
主要電気工作物の破損	需要設備　1万V以上の遮断器等 太陽電池　500kW以上のもの等
発電支障	出力10万kW以上の設備、7日間以上の発電支障
波及	波及事故　※再閉路成功を除く
社会的に影響を及ぼした事故	多数の家屋等の施設または工作物に著しい被害を与えた事故等

問題1 感電死傷事故が発生したときに、自家用電気工作物を設置する者が行う事故報告に関する記述として、「電気事業法」上、定められていないものはどれか。

(1) 事故の発生を知った時から48時間以内に、事故の概要等を報告しなければならない。

(2) 事故の発生を知った日から起算して30日以内に、報告書を提出しなければならない。

(3) 報告書は、管轄する産業保安監督部長に提出しなければならない。

(4) 報告書には、被害状況と防止対策を記載しなければならない。

問題2 感電死傷事故が発生したとき、自家用電気工作物を設置する者が行う事故報告に関する記述として、「電気事業法」上、誤っているものはどれか。

(1) 事故の発生を知った時から24時間以内に行う報告は、電話で行ってもよい。

(2) 報告書の提出は、事故の発生を知った日から起算して60日以内に行う。

(3) 報告書に記載する内容には、被害状況と防止対策が含まれる。

(4) 報告書は、管轄する産業保安監督部長に提出する。

解答・解説

問題1

事故の発生を知った時から**24時間以内**に、速報として事故の概要等を産業保安監督部長に報告しなければならない。

答 (1)

問題2

産業保安監督部長への報告書（**詳報**）の提出は、事故の発生を知った日から起算して**30日以内**に行わなければならない。

| 事故発生 | → | 24時間以内に速報 |
| | → | 30日以内に詳報 |

答 (2)

😈 POINT 😈

電気工事士などの種別ごとに可能な工事の範囲、電気工事士の義務についてマスターしておく。

1. 電気工事士法の目的

「電気工事の作業に従事する者の**資格および義務を定めること**で、**電気工事の欠陥による災害の発生の防止に寄与する**」としている。

2. 電気工事士の資格と作業可能範囲

一般用電気工作物および自家用電気工作物（最大電力 500 kW 未満）の電気工事は、免状の種類によって作業できる範囲が異なる。

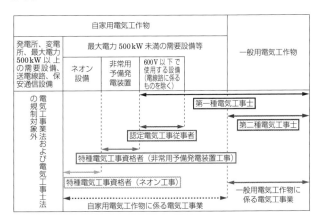

3. 電気工事士の義務

①電気工事士は、**電気設備技術基準に適合するように作業を行**わねばならない。

②電気工事をするときには**電気工事士免状等を携帯**する。

③**電気用品安全法に適合した用品を使用**しなければならない。

④第一種電気工事士は、免状取得後**5 年以内ごとに自家用電**気工作物の保安に関する講習の受講義務がある。

⑤**都道府県知事から電気工事の報告を求められた場合、報告義務**がある。

問題1 電気工事士等に関する記述として、「電気工事士法」上、誤っているものはどれか。

(1) 第一種電気工事士は、自家用電気工作物に係るすべての電気工事の作業に従事することができる。

(2) 特種電気工事の種類には、ネオン工事と非常用予備発電装置工事がある。

(3) 認定電気工事従事者は、自家用電気工作物に係る電気工事の簡易電気工事の作業に従事することができる。

(4) 認定電気工事従事者認定証は、経済産業大臣が交付する。

問題2 一般用電気工作物に係る作業のうち、「電気工事士法」上、電気工事士が従事しなくても保安上支障がないと認められるものはどれか。ただし、電線は電気さくの電線およびそれに接続する電線を除く。

(1) 露出型コンセントを取り換える作業

(2) 埋込型点滅器を取り換える作業

(3) 電線を直接造営材に取り付ける作業

(4) 電線管を曲げる作業

解答・解説

問題1

第一種電気工事士は、**自家用電気工作物に係る500kW未満の電気工事の作業**に従事することができる。第一種電気工事士免状および第二種電気工事士免状は、**都道府県知事が交付**し、認定電気工事従事者認定証とネオン工事と非常用予備発電装置工事の特種電気工事資格者認定証は、**経済産業大臣が交付**する。

答 (1)

問題2

電気工事士でなくてもできる工事には、**露出型点滅器または露出型コンセントの取換え作業**のほか、電力量計やヒューズの取換え、電柱や腕木の設置・変更、地中電線用の管を設置する作業などがある。図の電線を直接造営材に取り付ける作業は、電気工事士でなければならない。

答 (1)

☙POINT☙

電気工事業法の正式名称は、「電気工事業の業務の適正化に関する法律」で、概要についてマスターしておく。

1. 電気工事業法の目的

「電気工事業を営む者の登録等およびその業務の規制を行うことにより、その業務の適正な実施を確保し、もって一般用電気工作物および自家用電気工作物の保安確保に資する」ことである。

2. 電気工事業者の登録と主任電気工事士の設置

①一般用電気工作物に係る電気工事業を営もうとするときは、登録を受けなければならない。

2以上の都道府県の区域内に営業所を設置する場合	経済産業大臣の登録
1の都道府県の区域内にのみ営業所を設置する場合	都道府県知事の登録

②登録有効期限：**5年**（有効期間満了後は更新登録が必要）

③登録電気工事業者は、営業所ごとに、電気工事の作業を管理させるため、**第一種電気工事士または第二種電気工事士免状の交付を受けた後3年以上の実務経験者を主任電気工事士として置かなければならない。**

3. 電気工事業者の義務

①電気工事士でない者を軽微な作業以外の電気工事の作業に従事させない。

②電気工事業でない者に、その請け負った電気工事を請け負わせない。

③電気用品安全法に適合しない電気用品を電気工事に使用しない。

④営業所ごとに所定の器具を備える。

一般用電気工作物の電気工事業者	・絶縁抵抗計　・接地抵抗計 ・回路計
自家用電気工作物の電気工事業者	上記のほか ・低高圧検電器　・継電器試験装置 ・絶縁耐力試験装置

⑤営業所および電気工事の施工場所ごとに、所定事項を記載した**標識**を掲げる。

⑥工事に関する所定事項を記載した**帳簿**を備え、**5年間保存**する（営業所の名称および所在の場所、工事金額は記載項目でない！）。

問題1 登録電気工事業者が、一般電気工作物の業務を行う営業所ごとに置く主任電気工事士になることができる者として、電気工事業法上、定められているものはどれか。
- (1) 第一種電気工事士
- (2) 認定電気工事従事者
- (3) 第三種電気主任技術者
- (4) 一級電気工事施工管理技士

問題2 電気工事業に関する記述として、電気工事業法上、誤っているものはどれか。
- (1) 登録電気工事業者の登録の有効期間は、5年である。
- (2) 電気工事業者には、登録電気工事業者と通知電気工業者がある。
- (3) 電気工事業者は、営業所ごとに省令で定める事項を記載した標識を掲げなければならない。
- (4) 電気工事業者は、営業所ごとに帳簿を備え、省令で定める事項を記載し、記載の日から3年間保存しなければならない。

解答・解説

問題1

主任電気工事士になることができる者は、**第一種電気工事士**または**第二種電気工事士**免状の交付を受けた後、電気工事に関し**3年以上の実務の経験を有する第二種電気工事士**である。

答 (1)

問題2

電気工事業者は、営業所ごとに帳簿を備え、省令で定める事項を記載し、記載の日から**5年間保存**しなければならない。

答 (4)

☺ POINT ☺

電気用品安全法の概要についてマスターしておく。

1. 電気用品安全法の目的

　電気用品の製造、輸入、販売等を規制するとともに、電気用品の安全性の確保につき民間事業者の自主的な活動を促進することにより、**電気用品による危険および障害の発生を防止する。**

2. 規制の範囲

①**電気用品**：一般用電気工作物に用いる機械・器具・材料および政令で定める**携帯発電機、蓄電池**

　電気用品＝特定電気用品＋特定電気用品以外の電気用品

表示記号→ 〈PS〉E 　 (PS) E

②**特定電気用品**：特に危険、障害の発生のおそれが多いもの

③**特定電気用品以外の電気用品**：「電気用品」で「特定電気用品」以外のもの

3. 電気用品安全法の適用を受けるもの

○特定電気用品の代表例

　①**電線類**：定格電圧 100V 以上 **600V 以下**

> ＊**絶縁電線**：公称断面積 **100 mm² 以下**
> ＊**ケーブル**：公称断面積 **22 mm² 以下**、線心 **7 本以下**
> ＊**キャブタイヤケーブル、コード**：公称断面積 **100 mm² 以下**、線心 7 本以下

　②**点滅器**：定格電流 **30A 以下**

　③**箱開閉器、配線用遮断器、漏電遮断器**：定格電流 **100A 以下**

　④**放電灯用安定器**：定格消費電力 **500W 以下**

　⑤**携帯発電機**：定格電圧 30V 以上 **300V 以下**

○特定電気用品以外の電気用品の代表例

　①**電線管類**：内径 120 mm 以下

　②**単相電動機、かご形三相誘導電動機**

　③**換気扇**：消費電力 **300W 以下**

　④**光源・光源応用機械器具**

問題1 電気用品安全法における特定電気用品に関する記述として、誤っているものは。

(1) 電気用品の製造の事業を行う者は、一定の要件を満たせば製造した特定電気用品に〈PE〉の表示を付すことができる。

(2) 電気用品の輸入の事業を行う者は、一定の要件を満たせば輸入した特定電気用品に (PE) の表示を付すことができる。

(3) 電線、ヒューズ、配線器具等の部品材料であって構造上表示スペースを確保することが困難な特定電気用品にあっては、特定電気用品に表示する記号に代えて〈PS〉E とすることができる。

(4) 電気用品の販売の事業を行う者は、経済産業大臣の承認を受けた場合等を除き、法令に定める表示のない特定電気用品を販売してはならない。

問題2 電気用品に関する記述について、「電気用品安全法」上、誤っているものはどれか。

(1) 電気用品とは、自家用電気工作物の部分となり、またはこれに接続して用いられる機械、器具または材料であって、政令で定めるものをいう。

(2) 特定電気用品とは、構造または使用方法その他の使用状況からみて特に危険または障害の発生するおそれが多い電気用品であって、政令で定めるものをいう。

(3) 電気用品の製造の事業を行う者は、電気用品の区分に従い、必要な事項を経済産業大臣または所轄経済産業局長に届け出なければならない。

(4) 届出事業者は、届出に係る型式の電気用品を製造する場合においては、電気用品の技術上の基準に適合しなければならない。

解答・解説

問題1
特定電気用品の表示は菱形の PSE である。　　　　**答 (2)**

問題2
一般用電気工作物に用いる機械・器具・材料および携帯発電機が対象となっている。　　　　**答 (1)**

法規6　電気用品安全法 **141**

😈 POINT 😈

絶縁耐力試験と絶縁抵抗の規定についてマスターする。

1. 電圧の区分

電圧の区分は下表のように規定されている。

	交　流	直　流
低　圧	600 V 以下	750 V 以下
高　圧	低圧を超え 7 000 V 以下	
特別高圧	7 000 V を超えるもの	

🔳 2. 絶縁耐力試験

・高圧の最大使用電圧 E_m の計算式は次のとおりである。

$$最大使用電圧\ E_m＝公称電圧〔V〕\times\frac{1.15}{1.1}$$

・高圧側機器の試験電圧は、**最大使用電圧の 1.5 倍**（ケーブルは直流試験でもよく、交流試験電圧の 2 倍）

・**試験時間は連続 10 分間印加**→中断はダメ！

・試験電圧の印加箇所

①電線路：電路-大地間（多心ケーブルでは心線相互間および心線-大地間）

②変圧器：巻線とほかの巻線間、鉄心および外箱間）

3. 低圧電路の絶縁抵抗

　低圧電路の**電路と大地間**および**電線相互間**の絶縁抵抗値は、開閉器または過電流遮断器で区切ることができる電路ごとに下表の値以上であること。

電路の使用電圧の区分		絶縁抵抗値
300 V 以下	対地電圧（接地式電路においては電線と大地間の電圧、非接地式電路においては電線間の電圧をいう）が 150 V 以下の場合	0.1 MΩ 以上
	その他の場合	0.2 MΩ 以上
300 V を超えるもの		0.4 MΩ 以上

（注 1）：**単相 3 線式 100/200 V は 0.1 MΩ 以上**！

（注 2）：400 V 配線は 0.4 MΩ 以上

4. 漏えい電流の特例

　低圧回路を停電して絶縁抵抗を測定するのが困難な場合、漏えい電流により絶縁性能を確認してもよい。この場合、**漏えい電流は 1 mA 以下であること！**

1級 **問題1** 公称電圧 6 600 V の回路に使用する高圧ケーブルの絶縁耐力試験に関する記述として、不適切なものはどれか。
- (1) 交流試験電圧は、10 350 V とした。
- (2) 直流試験電圧は、交流試験電圧の 1.5 倍とした。
- (3) 所定の交流試験電圧を、連続して 10 分間印加した。
- (4) 所定の直流試験電圧を、連続して 10 分間印加した。

問題2 電気使用場所において、三相誘導電動機が接続されている使用電圧 200 V の回路と大地との間の絶縁抵抗値として、「電技」上、定められているものはどれか。
- (1) 0.1 MΩ 以上
- (2) 0.2 MΩ 以上
- (3) 0.3 MΩ 以上
- (4) 0.4 MΩ 以上

解答・解説

1級
問題1
高圧ケーブルの絶縁耐力試験は、交流での試験のほか、直流での試験も認められている。
直流での試験電圧 = **交流での試験電圧 × 2**

$$= (最大使用電圧 \times 1.5) \times 2 = \left(\frac{6\ 600}{1.1} \times 1.15\right) \times 1.5 \times 2$$

$$= \mathbf{10\ 350} \times 2 = 20\ 700\ \text{(V)}$$

(参考) 絶縁耐力試験時の留意事項
①試験実施の前後に、絶縁抵抗測定を行う。
②試験実施の前に、接地状態を確認しておく。
③試験電圧の 1/2 ぐらいまで徐々に昇圧し、検電器で充電状態を確認する。
④試験終了後は、検電して無電圧であることを確認してから接地し、残留電荷を放電する。　　　**答 (2)**

問題2
三相3線式の使用電圧 200 V の低圧回路の絶縁抵抗値は、0.2 MΩ 以上と定められている。　　　**答 (2)**

☙ POINT ☙

接地工事についてマスターしておく。

1. 接地工事の種類

① A 種接地工事

- 主な接地箇所：特別高圧・高圧機器の金属製外箱、避雷器、特別高圧計器用変成器の二次側
- 接地抵抗値：**10Ω 以下**
- 接地線の最小太さ：**2.6mm**

② B 種接地工事

- 主な接地箇所：特別高圧または高圧**変圧器の低圧側の中性点または 1 端子**
- 接地抵抗値：1 線地絡電流を I_1〔A〕とする。

150/I_1Ω 以下：（原則）
300/I_1Ω 以下：混触時に、低圧電路の対地電圧が 150V を超えた場合に、1 秒を超え 2 秒以内に電路を自動的に遮断する場合
600/I_1Ω 以下：1 秒以内に電路を自動的に遮断する場合

- 接地線の最小太さ：特別高圧変圧器 **4.0mm**、高圧変圧器 **2.6mm**

③ C 種接地工事

- 主な接地箇所：**300V を超える低圧機器の金属製外箱**
- 接地抵抗値：**10Ω 以下**（低圧電路に地絡を生じたとき **0.5 秒以内に自動的に電路を遮断する装置を設けるときは 500Ω 以下**）
- 接地線の最小太さ：**1.6mm**

④ D 種接地工事

- 主な接地箇所：**300V 以下の低圧機器の金属製外箱**、高圧計器用変成器の二次側、高圧ケーブルのちょう架用線
- 接地抵抗値：**100Ω 以下**（低圧電路に地絡を生じたとき **0.5 秒以内に自動的に電路を遮断する装置を設けるときは 500Ω 以下**）
- 接地線の最小太さ：**1.6mm**

1級 **問題1** 接地抵抗試験に関する記述として、解釈上、誤っているものはどれか。

(1) 使用電圧 400 V の電動機の鉄台に施す接地工事の接地抵抗値が 10 Ω であったので、良と判断した。

(2) 特別高圧計器用変成器の二次側回路に施す接地工事の接地抵抗値が 20 Ω であったので、良と判断した。

(3) 高圧電路の 1 線地絡電流が 5 A のとき、高圧電路と低圧電路とを結合する変圧器の低圧側中性点に施す接地工事の接地抵抗値が 30 Ω であったので、良と判断した。

(4) 高圧計器用変成器の二次側電路に施す接地工事の接地抵抗値が 40 Ω であったので、良と判断した。

1級 **問題2** 高圧受電設備に設ける変圧器の高圧側電路の 1 線地絡電流が 6 A である時、変圧器の B 種接地工事の接地抵抗の最大値として、正しいものはどれか。ただし、高圧側の電路と低圧側の電路との混触時、高圧電路には 3 秒で自動的に遮断する装置が施設されているものとする。

1. (1) 10 Ω (2) 25 Ω (3) 50 Ω (4) 100 Ω

解答・解説

問題1

(1) C 接地工事で、10 Ω 以下であればよい。

(2) 高圧計器用変成器の二次側回路に施す接地工事は D 種接地工事で、接地抵抗値は **100 Ω 以下**である。特別高圧計器用変成器の二次側回路に施す接地工事は A 種接地工事で、**10 Ω 以下**でなければならない。

(3) B 種接地工事で、遮断時間が明記されていないので、150 V/5 A = 30〔Ω〕以下であればよい。

(4) D 種接地工事で、100 Ω 以下であればよい。 **答 (2)**

問題2

3 秒で自動的に遮断するとの条件より

B 種接地工事の最大値 $R_B = \dfrac{150}{I_1} = \dfrac{150}{6} = 25$〔Ω〕 **答 (2)**

☺ POINT ☺
地中電線路の施設についてマスターしておく。

1. 地中ケーブルの布設方式

布設方式	図	特徴
直接埋設式	土冠 ふた トラフ 川砂 ケーブル	○建設費が安く、放熱効果が大きいため許容電流が大きい。 ●外傷に弱く、ケーブルの張替・増設が困難である。
管路式	コンクリート ケーブル	○暗きょ式に対して建設費が安く、ケーブルの張替も容易である。 ●熱放散が悪く、ケーブル条数が増加すると送電容量が減少する。
暗きょ式	ケーブル	○所要スペースが大きく、保守点検作業が容易である。 ●建設費が高いため、変電所引出口などケーブル条数の特に多い場合にしか採用できない。

2. 直接埋設式の埋設深さ

①重量物の圧力を受けない場合:
  0.6 m 以上埋設する
②重量物の圧力を受ける場合:
  1.2 m 以上埋設する

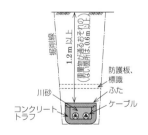

3. 地中ケーブルと他物との離隔

　地中ケーブルと他物との離隔距離は次のように規定されているが、堅ろうな耐火性の隔壁を設ければ除外される。

① 地中箱以外での離隔距離の原則

弱電流電線と低圧・高圧電線	弱電流電線と特別高圧電線	低圧と高圧	低圧または高圧と特別高圧
30 cm	60 cm	15 cm	30 cm

② 可燃性・有毒性の流体を内包する管と特別高圧電線とは、**1 m 以上**離す。

③ 普通の管と特別高圧電線とは、**30 cm 以上**離す。

問題1 地中電線路における電力ケーブルの敷設方式に関する記述として、最も不適当なものはどれか。ただし、埋設深さ1.2 m、ケーブルサイズなどは同一条件とする。
(1) 直接埋設式は、管路式に比べて許容電流が小さい。
(2) 管路式は、直接埋設式に比べてケーブルに外傷を受けにくい。
(3) 管路式は、直接埋設式に比べて保守点検が容易である。
(4) 暗きょ式は、多条数施設に適している。

問題2 暗きょ式で施設する地中電線路に関する記述として、最も不適当なものはどれか。
(1) 特別高圧地中電線に CV ケーブルを使用したので、耐燃措置として延焼防止シートで被覆した。
(2) 低圧地中電線と高圧地中電線との離隔距離を 30 cm としたので、堅ろうな耐火性の隔壁を省略した。
(3) 高圧地中電線と電力保安通信線を、直接接触しないように施設した。
(4) 特別高圧地中電線とガス管との離隔距離を 60 cm としたので、電線を管に収めず、耐火性隔壁も省略した。

解答・解説

問題1
管路式は、直接埋設式に比べて熱放散が悪く、許容電流は小さい。　　　　　　　　　　　　　　　　　　**答 (1)**

問題2
可燃性・有毒性の流体を内包する管と特別高圧電線とは、**1 m 以上**離すよう規定されている。　　　　　　**答 (4)**

☺ POINT ☺

地中電線路の埋設表示などについてマスターしておく。

1. 地中電線路の埋設表示

・管路式と直接埋設式の高圧または特別高圧地中電線路には、おおむね **2m** の間隔で次の表示を行うこととされている。

> **物件の名称、管理者名、電圧**
> （需要場所に施設する場合は電圧のみの表示でよい）

・需要場所に施設する長さ **15m** 以下の高圧地中電線路の場合は、**表示を省略できる**こととされている。

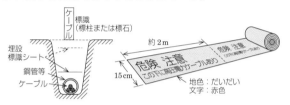

2. 地中電線路の施工上の留意事項

①管路の途中に水平屈曲部がある場合には、引入張力を小さくするため、**屈曲部に近い方のマンホールからケーブルを引き入れる。**

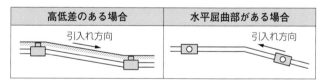

高低差のある場合	水平屈曲部がある場合

②高圧や特別高圧のケーブルでは、熱伸縮による金属シースの疲労を防止するため、マンホール内にオフセットを設ける。（＝余長をとる。）

③差込形屋外終端接続の作業時には、最外層のテープ巻きは、水切れをよくするため、**下部から上部に向かって巻く。**

問題1 需要場所に施設する地中電線路に関する記述として、解釈上、不適当なものはどれか。ただし、地中電線路の長さは15 m を超えるものとする。

(1) 低圧地中電線と高圧地中電線との離隔距離を 15 cm 以上確保して施設した。

(2) 管路式の高圧地中電線路には、電圧の表示を省略した埋設表示シートを施設した。

(3) ハンドホール内のケーブルを支持する金物類には、D種接地工事を施さなかった。

(4) 低圧地中電線と地中弱電流電線との離隔距離を 30 cm 以上確保して施設した。

問題2 地中電線路に関する記述として、解釈上、不適当なものはどれか。

(1) 地中電線を収める金属製の管路を管路式により施設したので、管に施す接地工事を省略した。

(2) 管路式により需要場所に施設した高圧地中電線路の長さが 20 m なので、埋設表示を省略した。

(3) 地中箱のふたは、取扱者以外の者が容易に開けることができない構造のものを選定した。

(4) 車両その他の重量物の圧力を受けない場所なので、土冠 0.6 m の堅ろうなトラフ内に高圧架橋ポリエチレンケーブル（CV）を収めて施設した。

解答・解説

問題1

管路式の高圧地中電線路には、電圧の表示の省略条件はない。

答 (2)

問題2

地中電線路が埋設されている道路では、掘削工事の際に埋設物を判別し事故防止を図るため、高圧または特別高圧の地中電線路の管またはトラフの表面に表示が義務づけられている。ただし、**需要場所の構内に施設する長さ 15 m 以下**の高圧地中電線路の場合は、表示を省略できる。

答 (2)

☺ POINT ☺

幹線の許容電流と幹線の過電流遮断器の定格電流の求め方について、マスターしておく。

1. 幹線の許容電流

幹線は、電気機器の定格電流の合計以上の許容電流のある電線を使用しなければならない。

電動機の定格電流の合計を I_M〔A〕、他の電気使用機械器具の定格電流の合計を I_H〔A〕とすると、幹線の許容電流 I_A〔A〕は、次のように求める。

- $I_H \geqq I_M$ の場合 ……………→ $I_A \geqq I_M + I_H$
- $I_M > I_H$ の場合
  ・$I_M \leqq 50$〔A〕の場合……→ $I_A \geqq 1.25 I_M + I_H$
  ・$I_M > 50$〔A〕の場合……→ $I_A \geqq 1.1 I_M + I_H$

［求め方の例］

・$I_M = 20 \times 3 = 60$〔A〕、$I_H = 15$〔A〕である。

・$I_M > I_H$ で $I_M > 50$〔A〕であり、$I_A \geqq 1.1 I_M + I_H$ を適用する。

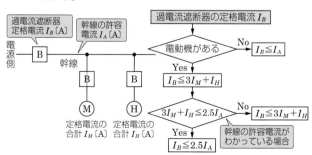

2. 幹線の過電流遮断器の定格電流

屋内幹線には、その幹線の過電流保護を図るため、幹線の電源側に過電流遮断器を施設する必要がある。

幹線の過電流遮断器の定格電流 I_B〔A〕の求め方は、下図のフローによる。

問題1 図のような電熱器Ⓗ1台と電動機Ⓜ2台が接続された単相2線式の低圧屋内幹線がある。この幹線の太さを決定する根拠となる電流 I_A〔A〕と幹線に施設しなければならない過電流遮断器の定格電流を決定する根拠となる電流 I_B〔A〕の組合せとして、適切なものは。ただし、需要率は100〔%〕とする。

	I_A	I_B
(1)	25	25
(2)	27	65
(3)	30	65
(4)	30	75

B
幹線
　　Ⓑ—Ⓗ 定格電流 5A
　　Ⓑ—Ⓜ 定格電流 10A
　　Ⓑ—Ⓜ 定格電流 10A

解答・解説

問題1

①幹線の許容電流の算出

電動機の定格電流の合計 $I_M = 20$〔A〕、他の電気使用機械器具の定格電流の合計 $I_H = 5$〔A〕であるので、$I_M > I_H$ で、$I_M \leq 50$〔A〕である。したがって、幹線の許容電流 I_A〔A〕は

$I_A \geq 1.25 \times 20 + 5 = \mathbf{30}$〔A〕

②幹線の過電流遮断器の定格電流の算出

幹線の過電流遮断器の定格電流 I_B〔A〕の求め方は、前頁の図のフローに従うと

$3I_M + I_H = 3 \times 20 + 5 = 65$〔A〕

$2.5I_A = 2.5 \times 30 = 75$〔A〕

65〔A〕と75〔A〕の小さい方が I_B となるので

$I_B \leq \mathbf{65}$〔A〕　　　　　　　　　　　　　　　　**答 (3)**

☻ POINT ☻

細い分岐幹線と分岐回路の過電流遮断器の施設条件についてマスターしておく。

1級 1. 細い分岐幹線の過電流遮断器

太い幹線に細い幹線を接続する場合、接続箇所には原則として、過電流遮断器を施設しなければならない。

[細い幹線側の過電流遮断器の省略条件]

① 3m 以下の分岐

② 細い幹線の許容電流 I_W が過電流遮断器の定格電流 I_B の **35%以上**である場合で分岐が **8m 以下**のとき

③ 細い幹線の許容電流 I_W が過電流遮断器の定格電流 I_B の **55%以上**である場合

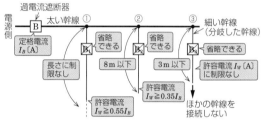

図1　過電流遮断器の施設の省略

1級 2. 分岐回路の過電流遮断器

低圧屋内幹線の分岐回路での開閉器および過電流遮断器の施設は下図によらなければならない。

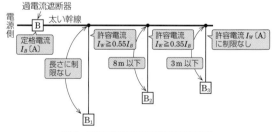

図2　過電流遮断器の施設の延長条件

1級 **問題1** 図に示す電動機を接続しない分岐幹線において、分岐幹線保護用過電流遮断器を省略できる分岐幹線の長さと分岐幹線の許容電流の組合せとして、「電気設備の技術基準とその解釈」上、適当なものはどれか。

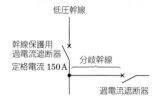

	分岐幹線の長さ	分岐幹線の許容電流
(1)	5 m	30 A
(2)	7 m	50 A
(3)	9 m	70 A
(4)	11 m	90 A

問題2 図に示す定格電流 300 A の過電流遮断器で保護された低圧屋内幹線との分岐点から、電線の長さが 10 m の個所に過電流遮断器を設ける場合、分岐幹線の電線の許容電流の最小値として、「電気設備の技術基準とその解釈」上、正しいものはどれか。

(1) 105 A
(2) 135 A
(3) 165 A
(4) 195 A

解答・解説

問題1

幹線保護用過電流遮断器の定格電流 $I_B = 150$ 〔A〕であるので、$0.35 I_B = 52.5$ 〔A〕では 8 m 以下、$0.55 I_B = 82.5$ 〔A〕では長さに制限なく省略できる。 **答 (4)**

問題2

分岐幹線の長さが 8 m を超える場合に該当する。

電線の許容電流の最小値＝低圧幹線を保護する過電流遮断器の定格電流×0.55＝300×0.55＝165〔A〕 **答 (3)**

POINT

低圧屋内配線工事の種類と施設場所についてマスターする。

1. 低圧屋内配線の種類

低圧屋内配線の施設場所・使用電圧の区分ごとに適用できる工事の種類は、下表のとおりである。

電気工事の種類	施工場所			
	①展開した場所 ②点検できる隠ぺい場所		③点検できない隠ぺい場所	
	☀	💧	☀	💧
金属管工事	○	○	○	○
合成樹脂管工事※1	○	○	○	○
ケーブル工事※2	○	○	○	○
2種金属可とう電線管工事	○	○	○	○
がいし引き工事	○	○		
バスダクト工事	○	△※3		
金属ダクト工事	○			
金属線ぴ工事	○※4			
ライティングダクト工事	○※4			
フロアダクト工事			○※4	
セルラダクト工事	△※5		○※4	
平形保護層工事	△※5			

☀乾燥した場所　💧湿気の多い場所または水気のある場所

※1：CD管は使用できない。

※2：キャブタイヤケーブルは使用できない。

※3：②の場所を除く、使用電圧300V以下

※4：使用電圧300V以下

※5：②の場所、使用電圧300V以下

> オールマイティの4つの工事
>
> 金属管工事、合成樹脂管工事、ケーブル工事、2種金属可とう電線管工事は、施設場所の制約がない！

2. 低圧屋側電線路

低圧屋側電線路に適用できる工事は、次のとおりである。

①**がいし引き工事**（露出に限る）

②**金属管工事**（木造以外に限る）

③**合成樹脂管工事**

④**ケーブル工事**（金属製外装のケーブルは木造以外に限る）

問題1 低圧屋内配線の工事の種類のうち、解釈上、湿気の多い場所に施設できないものはどれか。
　(1) 合成樹脂管工事
　(2) 金属管工事
　(3) 金属ダクト工事
　(4) ケーブル工事

問題2 低圧屋内配線の施設場所と工事の種類の組合せとして、解釈上、不適当なものはどれか。ただし、使用電圧は100 V とし、事務所ビルの乾燥した場所に施設するものとする。

	施設場所	工事の種類
(1)	展開した場所	ライティングダクト工事
(2)	展開した場所	ビニルケーブル（VVR）を用いたケーブル工事
(3)	点検できない隠ぺい場所	PF管を用いた合成樹脂管工事
(4)	点検できない隠ぺい場所	金属ダクト工事

解答・解説

問題1
金属ダクト工事は、湿気の多い場所や水気のある場所には施設できない。オールマイティの４つの工事（金属管工事、合成樹脂管工事、ケーブル工事、２種金属可とう電線管工事）以外のものを探す消去法を利用しても解ける。

答 (3)

問題2
点検できない隠ぺい場所には、金属ダクト工事は適用できない。このタイプの出題は非常に多くのバリエーションがあるため、あまり神経質にならずに今一度ポイントの内容を軽く確認しておくことをお奨めする！

答 (4)

☙ POINT ☙

低圧屋内配線工事の施設方法などをマスターしておく。特に、1 級は詳細内容が出題されるので、丁寧な学習が必要である。

1. 低圧屋内配線工事の施設方法

①がいし引き工事
- ・使用電線：絶縁電線（OW 線・DV 線を除く）
- ・支持点間隔：上面と側面 2 m 以下

（参考） 新規の施設はほとんどなく、出題はまずない！

②合成樹脂管工事
- ・使用電線：絶縁電線（OW 線を除く）
- ・電線の接続：管内での接続は禁止
- ・支持点間隔：**1.5 m 以下**
- ・管相互、管と附属品の接続：**管外径の 1.2 倍（接着剤を使用する場合は 0.8 倍）以上を差し込む**

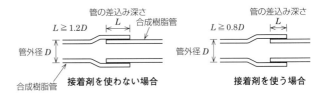

③金属管工事
- ・使用電線：絶縁電線（OW 線を除く）
- ・管の厚さ：**原則 1（コンクリート内 1.2）mm 以上**
- ・電線の接続：管内での接続は禁止
- ・支持点間隔：**2 m 以下とすることが望ましい**

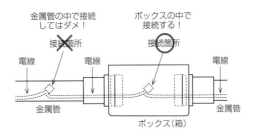

④金属可とう電線管工事

- ・使用電線：絶縁電線 (OW 線を除く)
- ・使用する管：二種金属 製可とう電線管が原則
- ・電線の接続：管内での 接続は禁止

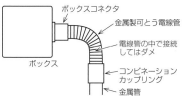

⑤金属線ぴ工事

- ・使用電線：絶縁電線 (OW 線を除く)
- ・電線の接続：線ぴ内での接続は禁止

⑥金属ダクト工事

- ・使用電線：絶縁電線 (OW 線を除く)
- ・電線の接続：ダクト内での接続は禁止
- ・**電線の占有率：ダクトの内部断面積の 20％以下**
- ・**支持点間隔：3m 以下**

⑦バスダクト工事

- ・使用電線：バスダクト
- ・**支持点間隔：3m 以下**

⑧ケーブル工事

- ・使用電線：ケーブル
- ・**支持点間隔：2m 以下**

⑨フロアダクト工事

- ・使用電線：絶縁電線 (OW 線を除く)
- ・電線の接続：ダクト内での接続は禁止

⑩セルラダクト工事

- ・使用電線：絶縁電線 (OW 線を除く)
- ・電線の接続：ダクト内での接続は禁止

⑪ライティングダクト工事

- ・使用電線：ライティングダクト
- ・**支持点間隔：2m 以下**
- ・ダクトの開口部：**下向き取付けが原則** (上向きは禁止)

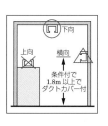

⑫平形保護層工事

- ・使用電線：平形導体合成樹脂絶縁電線
- ・造営材の床面・壁面に施設し、造営材を貫通しない

2. 特殊場所の低圧屋内配線工事の施設方法

特殊場所で可能な低圧屋内配線工事は、下表のとおりである。

特殊場所の種類	工事の種類
爆燃性粉じんの存在する場所	**金属管工事**（薄鋼電線管以上の強度を有するもの）
可燃性ガスの存在する場所（プロパンガス等）	**ケーブル工事**（キャブタイヤケーブルを除く）
可燃性粉じんの存在する場所	**金属管工事**（薄鋼電線管以上の強度を有するもの） **ケーブル工事**
危険物等の存在する場所（石油等）	**ケーブル工事** **合成樹脂管工事**（厚さ2mm未満の合成樹脂管、CD管を除く）

1級 **問題1** 構内電気設備の合成樹脂管配線（PF管、CD管）に関する記述として、不適当なものはどれか。
- (1) 管の支持にはハンガを使用し、支持間隔は2mとした。
- (2) 太さが28mmの管を曲げるときは、その内側の半径を管内径の6倍以上とした。
- (3) CD管は、コンクリート埋込部分のみに使用し、PF管は二重天井内の隠ぺい部分とコンクリート埋込部分で使用した。
- (4) コンクリートに埋め込む配管は、容易に移動しないようにバインド線で鉄筋に結束した。

1級 **問題2** 低圧屋内配線を金属管工事で施工する場合の記述として、「電気設備の技術基準とその解釈」上、誤っているものはどれか。
- (1) 水気のある場所に施設する電線に、ビニル絶縁電線（IV）を使用した。
- (2) 乾燥した場所に単相100Vの配線を施設し、管の長さが8mであったので接地工事を省略した。
- (3) 電線の被覆を損傷しないように、管の端口には絶縁ブッシングを使用した。
- (4) 人が容易に触れるおそれのある乾燥した場所に三相200Vの配線を施設し、管の長さが5mであったので接地工事を省略した。

問題3 金属ダクト工事に関する記述として、「電気設備の技術基準とその解釈」上、誤っているものはどれか。

(1) ダクト内の、接続点が容易に点検できる箇所で、電線を分岐した。

(2) 200V回路の照明電源に用いる電線の断面積の総和を、ダクトの内部断面積の32%とした。

(3) メタルラス張りの木造の造営材を貫通する部分は、メタルラスと電気的に接続しないようにした。

(4) 電気専用シャフト内に、垂直に取り付けるダクトの支持点間の距離は、6mとした。

解答・解説

問題1
合成樹脂管の支持にはサドルを使用し、**支持間隔は 1.5 m 以下**とする。　　　　　　　　　　　　　　　　　　　**答 (1)**

問題2
金属管工事での接地省略条件は、次のいずれかである。
①管の長さが **4 m 以下**のものを乾燥した場所に施設する場合。
②屋内配線の使用電圧が直流300Vまたは**交流対地電圧が 150V 以下**の場合において、管の長さが **8 m 以下**のものに簡易接触防護措置を施すときまたは**乾燥した場所に施設すると**き。　　　　　　　　　　　　　　　　　　　　　　　　　**答 (4)**

問題3
電線の断面積の総和を、ダクトの内部断面積の **20%以下**としなければならない。

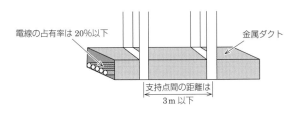

電線の占有率は 20% 以下　　　　　　　　　　金属ダクト

支持点間の距離は
3m 以下

答 (2)

☻ POINT ☻

電力系統の電源の運用についてマスターしておく。

1級 1. 発電設備の供給力

発電設備には、日負荷曲線の各分担部分に対応した、ベース供給力、中間（ミドル）供給力、ピーク供給力がある。

供給力の種類	要求される特性
ピーク供給力	急激な出力変化、頻繁な始動・停止に対応できる
中間（ミドル）供給力	日間始動・停止、負荷調整に対応できる
ベース供給力	長時間一定の継続運転が行える

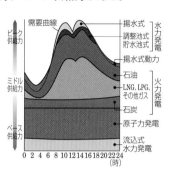

1級 2. 水力発電所の分類

水力発電所を水の利用面と構造面で分類すると、以下のように分類される。

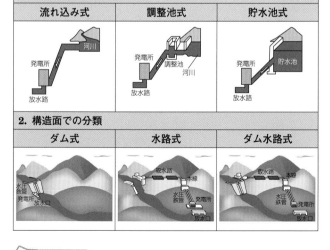

1. 水の利用面での分類		
流れ込み式	調整池式	貯水池式

2. 構造面での分類		
ダム式	水路式	ダム水路式

1級 【問題1】 適切な出力分担および経済的な運転を行うための発電方式に関する記述として、最も不適当なものはどれか。

(1) 揚水式発電は、河川の水を有効活用できることから、ベース電源として出力分担する。

(2) 貯水池式発電は、季節的な周期で豊水期に貯水し渇水期に放出して発電する。

(3) 火力発電は、効率がよく発電単価が低い発電機を優先して運転する。

(4) ガスタービン発電は、即応性が高くピーク時の運転に有効である。

1級 【問題2】 電力系統の運用と制御に関する記述として、最も不適当なものはどれか。

(1) 周波数制御では、周波数が上がると、発電機の発電電力を減少させるように調速機が動作する。

(2) 供給予備力の保有量が大きいと、供給支障のリスクは少なくなるが設備投資が大きくなる。

(3) 電力潮流は、電源構成や送変電設備などにより制約を受け、需要および供給力により時々刻々変化する。

(4) 軽負荷時には系統電圧が上昇傾向になり、これを抑制するため電力用コンデンサを系統へ投入する。

解答・解説

【問題1】
・河川に流れる水を貯めることなく、そのまま発電に使用する方式は流れ込み式で、ベース電源として使用される。
・揚水式発電は、オフピーク時に火力や原子力発電所の電力を利用して、上部ダムに水を汲み上げ、ピーク時にこの水を利用して発電するものである。
・1日のうち、需要の大きな時間帯だけを受け持つ電源はピーク電源で、揚水式発電はピーク電源である。　**答 (1)**

【問題2】
軽負荷時には系統電圧がフェランチ効果によって上昇傾向になり、これを抑制するために分路リアクトルを系統へ投入する。　**答 (4)**

☙ POINT ☙

負荷特性に関する知識をマスターしておく。

1. 負荷特性を表す率

負荷特性を表す率のうち、需要率、負荷率、不等率の3つは特に大切である。

$$需要率 = \frac{最大需要電力 〔kW〕}{設備容量 〔kW〕} \times 100 〔\%〕$$

$$負荷率 = \frac{平均需要電力 〔kW〕}{最大需要電力 〔kW〕} \times 100 〔\%〕$$

$$不等率 = \frac{最大需要電力の和 〔kW〕}{合成最大需要電力 〔kW〕} \geqq 1$$

$$設備利用率 = \frac{出力 〔kW〕}{設備容量 〔kW〕} \times 100 〔\%〕$$

（変圧器でよく使用される）

問題1 図のような日負荷を有する需要家があり、この需要家の設備容量は 375 kW である。この需要家の需要率〔％〕として、正しいものはどれか。

(1) 20
(2) 30
(3) 40
(4) 50

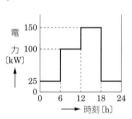

問題2 図に示す日負荷曲線の日負荷率〔％〕は、いくらとなるか。

(1) 40％
(2) 60％
(3) 80％
(4) 100％

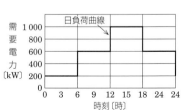

問題3 図に示す日負荷曲線をもつ A、B の需要家がある。この系統の不等率は。

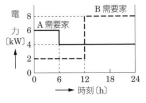

(1) 1.17　(2) 1.33　(3) 1.40　(4) 2.33

解答・解説

問題1

$$需要率 = \frac{最大需要電力〔kW〕}{設備容量〔kW〕} \times 100$$

$$= \frac{150}{375} \times 100 = 40〔\%〕$$ 　　**答 (3)**

問題2

・最大需要電力は 1 000〔kW〕である。

・平均需要電力 $= \dfrac{1日の使用電力量}{24}$

$$= \frac{200 \times 6 + 600 \times 6 + 1\,000 \times 6 + 600 \times 6}{24} = 600〔kW〕$$

・日負荷率 $= \dfrac{1日の平均需要電力}{1日の最大需要電力} \times 100$

$$= \frac{600}{1\,000} \times 100 = 60〔\%〕$$ 　　**答 (2)**

問題3

・12〜24 時の合成電力は 12〔kW〕と最大である。

・A 需要家の最大電力は 6〔kW〕、B 需要家の最大電力は 8〔kW〕である。

・不等率 $= \dfrac{最大需要電力の和〔kW〕}{合成最大需要電力〔kW〕}$

$$= \frac{6+8}{12} = \frac{14}{12} \fallingdotseq 1.17$$ 　　**答 (1)**

☻ POINT ☻

電気設備の点検・測定に関する知識をマスターしておく。

1. 測定器と使用目的

電気設備の試験に用いる代表的な測定器とその使用目的は、下表のとおりである。

測定器	使用目的
絶縁抵抗計（メガ）	絶縁抵抗の測定
接地抵抗計（アーステスタ）	接地抵抗の測定
回路計（テスタ）	電圧・電流・抵抗の測定
検電器	充電の有無の確認
検相器	三相電源の相順の確認 （電動機の正回転、逆回転）

2. 絶縁抵抗測定上の注意点

絶縁抵抗が電気設備技術基準に定める基準に適合しているかを測定する。

絶縁抵抗計には、接地端子（E）と線路端子（L）とがあり、電線相互間と電路と大地間の絶縁抵抗の測定では、接続方法が異なる。

電線相互間の絶縁抵抗の測定：負荷側の点滅器をすべて「入」、負荷はすべて取り外して行う。

電路と大地間の絶縁抵抗の測定：負荷側の点滅器をすべて「入」、負荷はすべて取り付けて行う。

電線相互間での測定	電路と大地間での測定
電源側　負荷側 L　E MΩ 絶縁抵抗計	電源側　負荷側 L　E MΩ 絶縁抵抗計

3. 接地抵抗測定上の注意点

接地抵抗計の3つの端子は、次のように接続する。

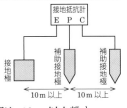

E端子：測定接地極に接続
P端子：電圧補助接地極に接続
C端子：電流補助接地極に接続

補助接地極は、相互の影響を避けるため、**E～P間**、**P～C間**はそれぞれ**10m以上**離す。

問題1 電気設備の試験に用いる測定器と使用目的の組合せとして、不適当なものはどれか。

測定器	使用目的
(1) 検相器	相順の確認
(2) 検電器	充電の有無の確認
(3) 絶縁抵抗計	接地抵抗の測定
(4) 回路計（テスタ）	電圧の測定

問題2 絶縁抵抗測定に関する記述として、不適当なものはどれか。

(1) 測定前に絶縁抵抗計の接地端子（E）と線路端子（L）を短絡し、スイッチを入れて無限大（∞）を確認した。

(2) 200V電動機用の電路と大地間を、500Vの絶縁抵抗計で測定した。

(3) 対地静電容量が大きい回路なので、絶縁抵抗計の指針が安定してからの値を測定値とした。

(4) 高圧ケーブルの各心線と大地間を、1000Vの絶縁抵抗計で測定した。

解答・解説

問題1

絶縁抵抗計（メガ）は絶縁抵抗の測定、接地抵抗計（アーステスタ）は接地抵抗の測定に用いる。　　　**答 (3)**

問題2

絶縁抵抗計の接地端子（E：アース）と線路端子（L：ライン）を短絡すると0Ωとなり、開放すると∞〔Ω〕となる。

答 (1)

😸 POINT 😸

短絡保護の考え方と地絡保護のための接地についてマスターしておく。

1級 1. 短絡保護

　電動機回路の過負荷保護は電磁開閉器で、短絡保護は配線用遮断器（MCCB）で行う。電磁開閉器は、電磁接触器と熱動継電器（サーマルリレー）で構成されている。

　MCCBと電磁開閉器を組み合わせて使用する場合の留意点は次のとおりである。

①電磁開閉器とMCCBの合成保護特性曲線が、電動機と電線の許容電流−時間特性曲線の下側にあること。

②電動機の始動電流で、保護機器が動作しないこと。

③過負荷時は、電磁開閉器がMCCBよりも先に動作すること。

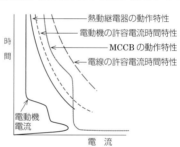

図1　保護協調曲線

1級 2. 地絡保護

　高圧ケーブルの地絡事故を検出するためのシールド接地工事は、図2のように実施しなければならない。

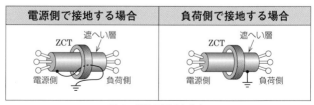

図2　接地工事のしかた

問題1 電動機の分岐回路の過負荷および短絡保護に関する記述として、不適当なものはどれか。

(1) 配線用遮断器は、過負荷領域において電磁開閉器より先に動作するように選定する。

(2) 静止形過電流継電器（2E リレー）は、電動機の過負荷保護および欠相保護のために使用する。

(3) 配線用遮断器は、電動機回路の短絡電流に見合う定格遮断容量を有するものとする。

(4) 電磁開閉器と配線用遮断器を組み合わせた装置は、電動機と電線を過熱焼損から保護するように選定する。

問題2 高圧ケーブルのシールド接地工事を示す次の図のうち、ケーブル内の地絡事故を検出する方法として、不適当なものはどれか。

(1)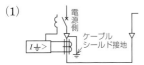

(2)

(3)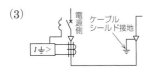

(4)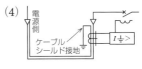

解答・解説

問題1

・電動機の過負荷領域では、**過負荷保護継電器**が**配線用遮断器より先に動作**するようにしなければならない。

・**3E リレー**は**過負荷、欠相、逆相**保護の三要素を備えている。

答 (1)

問題2

(1) は零相変流器（ZCT）より負荷側で地絡事故が発生すると、**地絡電流**は、導体部は→方向、遮へい層（シールド）は←方向となってつくる磁界がキャンセルされ、地絡検出できない。

答 (1)

得点パワーアップ知識

● 電気工学 ●

理 論

①誘導形計器は、渦電流と磁界の相互作用によって駆動トルクを発生させる計器で、交流専用である。

②整流形計器は、整流器と可動コイル形計器を組み合わせて構成したもので、高い周波数まで使用できる。

③デジタル計器はノイズの影響を受けやすいので、ノイズ対策が必要である。

電 力

①水力発電所の低落差大容量の水車は、立軸形でスラスト軸受が設置されている。

②微粉炭燃焼方式では、石炭を粉末にしてバーナから炉内に吹き込み浮遊燃焼させる。

③多結晶シリコン太陽電池は、単結晶シリコン太陽電池より変換効率が低いが、多量生産向きでコストが安い。

④りん酸形燃料電池は、溶融炭酸塩形燃料電池より起動時間が短い。

⑤屋外変電所での変電機器の据付けは、架線工事などの上部作業後に実施する。

⑥変電所の接地にメッシュ方式を採用し、屋外鉄構の上部に架空地線を設ける。

⑦変圧器本体の騒音は、励磁騒音が主要因であり、対策として鉄心に磁気ひずみの少ない高配向性けい素鋼板を使用する。

⑧避雷器は、電力系統に異常電圧が発生した場合、機器の破壊電圧より低い電圧で放電を開始して過電圧を制限し、続流を遮断して、絶縁を回復するものである。

⑨保護リレーシステムは、主保護リレーと後備保護リレーによって構成される。

⑩保護リレーシステムは検出の盲点をなくすため、保護範囲を重複させる。

⑪ OVR は過電圧継電器、UVR は不足電圧継電器である。

⑫送電線の再閉路方式では、遮断器はいったん開放された
のち、設定時間が経過してから自動的に再投入される。

⑬多導体の合計断面積が単導体の断面積に等しい場合、多
導体の方が電線表面の電位傾度が小さい。

⑭がいしの V 吊りの目的は、がいしの横揺れを少なくし、
線下幅を節約し用地補償費の軽減を図ることにある。

⑮配電線の無停電工法で、縁回し線を切断する場合には、
テープなどで両側に接続相を明示しなければならない。

⑯キュービクル式高圧受電設備の受渡試験の標準的な試験
項目に、構造試験、耐電圧試験、動作試験がある。

⑰キュービクル式高圧受電設備を屋外に設置する場合に
は、隣接する建築物から 3 m 以上離し、保守点検用通
路の幅は 0.8 m 以上とする。

⑱屋内の低圧幹線ケーブルをケーブルラックに多条数敷設
する工事では、同一子げたに固定してはならない。

⑲配線用遮断器は MCCB、漏電遮断器は ELCB である。

⑳パッドマウント変圧器は、低圧地中系統への供給用とし
て、地上に設置される。

㉑管路式の管路の周辺部の埋め戻しには、管路材に損傷を
与えないよう小石や砕石を含まないようにする。

㉒変圧器に用いる絶縁油の条件には、絶縁耐力が高いこ
と、冷却作用が大ききいこと、引火点が高いこと、粘度
が低いことなどがある。

㉓ SF_6 ガスは、化学的に安定で無色・無臭であり、地球
温暖化係数が二酸化炭素（CO_2）より大きい。

機　械

①同期発電機において、ブラシレス励磁方式はスリップリ
ングが不要な励磁方式である。

②三相誘導電動機の最大トルクの大きさは、電圧を変える
ことで変えられる。

③低圧三相誘導電動機の保護に用いられる 3E リレーは、
反相保護、欠相保護、過負荷保護を行う。

④変圧器の励磁突入電流は、電圧を印加した直後に過渡的に流れる電流で、定格電流より大きい。

⑤油入変圧器に比べてモールド変圧器は、難燃性で自己消火性に優れているが、騒音が大きい。

⑥はく電極コンデンサは、誘電体の一部が絶縁破壊すると自己回復することができない。

⑦放電コイルは、電力用コンデンサに並列に接続し、コンデンサ開放時の残留電荷を短時間に放電させる。

⑧高圧水銀ランプは、消灯直後の水銀蒸気圧が高いため、すぐには再始動できない。

⑨高周波点灯専用形蛍光ランプ（Hf蛍光ランプ）は、低圧ナトリウムランプに比べて色温度が高い。

⑩ LED光源は、蛍光ランプより振動や衝撃に強い。

⑪作業面から光源までの高さが高いほど、室指数が小さくなり、照明率は小さくなる。

⑫据置鉛蓄電池の使用中、ベント形は補水が必要であるが、MSE形は補水が不要である。

⑬蓄電池の容量は設置場所の周囲温度が低いほど大きくする必要があり、自己放電量は周囲温度が高いほど大きい。

法　規

①人が触れるおそれのある場合のA種およびB種接地工事の接地極の埋設深さは75cm以上とする。

②暗きょ式で施設する場合は、地中電線に耐燃措置を施すか暗きょ内に自動消火設備を施設するかにより防火措置を施す。

③電動機回路の進相用コンデンサは、手元開閉器より負荷側に取り付ける。

④接地抵抗測定に当たっては、検流計の指針が0（ゼロ）目盛りを指示したときのダイヤルの目盛を読む。

電気設備

☻ POINT ☻

電気鉄道でのき電方式と軌道の構造をマスターしておく。

1. き電方式

電鉄用変電所から電車に対し、架線などを用いて走行に必要な電力を供給することを**き電**という。

比較項目	直流き電方式	交流き電方式
使用電圧	600 V、750 V、1 500 V（JR は 1 500 V）	20 000 V（在来線）25 000 V（新幹線）
電　圧	主電動機の整流・絶縁面で高電圧の使用が困難である。	電気車に変圧器が使えるため、**高電圧**の使用ができる。
電圧降下	き電線の増設や変電所の新設が必要になる。	**直列コンデンサによる補償が容易**にできる。
保護装置	**運転電流が大きいので、事故電流の選択遮断が難しい。**	運転電流が小さいので、事故電流の判別が容易である。
誘導障害	通信線への誘導障害が少ない。	**誘導障害が大で対策が必要**となる。
不均衡	三相電源の不均衡問題がない。	スコット結線での単相負荷による**三相不平衡の問題**がある。
電　食	帰線路からの漏れ電流により、**地中金属管路に電食を**生ずる。	電食の問題がない。

2. 軌道の構造

軌道は、車両の安全走行のため、線路の施工基面上に敷設された構造物である。

軌道＝レール＋まくら木＋道床

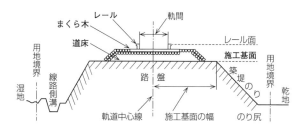

道床は、まくら木からの荷重を分散させて路盤に伝達させるもので、バラストとコンクリートスラブなどがある。

問題1 交流き電方式（単相交流20 kV）と比較した直流き電方式（直流1 500 V）に関する記述として、最も不適当なものはどれか。

(1) 変電所設備が複雑となる。

(2) 変電所間隔が短い。

(3) 事故電流の判別が容易である。

(4) 三相電源の不平衡対策が不要である。

1級 問題2 鉄道線路および軌道に関する記述として、「日本産業規格（JIS）」上、不適当なものはどれか。

(1) 施工基面とは、路盤の高さの基準面をいう。

(2) 伸縮継目とは、軌道回路の絶縁箇所に使用するレール継目をいう。

(3) 標準軌とは、1 435 mm の軌間をいう。

(4) ロングレールとは、200 m 以上の長さのレールをいう。

解答・解説

問題1

直流き電方式（直流1 500 V）は、**運転電流が大きい**ことより、**事故電流との判別が困難**である。このため、事故電流の選択遮断には特殊な保護設備が必要となる。　　　　　**答 (3)**

問題2

・伸縮継目は、温度変化によるレールの伸縮があっても、レール同士の間にすき間ができないようにした継目である。

・伸縮継目は、ロングレールに用いられ、ロングレールの先にトングレールを設けて徐々に次のロングレールに移行するようになっている。

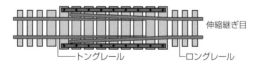

トングレール　　　　ロングレール　　伸縮継ぎ目

答 (2)

POINT

ちょう架方式とトロリ線の磨耗やパンタグラフの離線について
マスターしておく。

1. ちょう架方式

架空式の電車線の代表的なちょう架方式は下表のとおりで
ある。

シンプルカテナリ	コンパウンドカテナリ
中速用（一般鉄道）	高速用（新幹線）
ちょう架線 トロリ線　ハンガ	ちょう架線　ドロッパ トロリ線　ハンガ　補助ちょう架線
つり下げにはハンガを使用	つり下げにはドロッパとハンガを使用

2. トロリ線の磨耗と対策

トロリ線には、押し上げ圧力が大きいことなどによる機械的
な磨耗と、パンタグラフのすり板の押し上げ圧力が小さいとき
などにアークによる電気的な磨耗が発生する。

トロリ線の磨耗軽減対策
①トロリ線のこう配変化を少なくする。
②金具を軽量化するとともに数を減少させる。
③自動張力調整装置を設け、トロリ線の張力を一定に保つ。
④パンタグラフのすり板を硬度の大きいものとしない。

3. パンタグラフの離線と対策

車両通過時に、ばねで押し上げてトロ
リ線とすり板の接触を保つので、離線す
ると集電できなくなる。

パンタグラフの離線防止対策
①トロリ線の硬点や接続箇所を少なくす
　る。
②トロリ線のこう配変化を少なくする。
③トロリ線の架線張力を適正にする。

問題1 架空式電車線の特性に関する記述として、不適当なものはどれか。

(1) トロリ線の接続点やき電分岐点の金具は局部的な硬点となり、パンタグラフが跳躍して離線を生じることがある。

(2) パンタグラフとトロリ線の接触抵抗と停車中の補機電流により、トロリ線の温度上昇が生じることがある。

(3) トロリ線の電気的磨耗は、集電電流の増大に伴い大きくなり、一般に力行区間に大きくあらわれる。

(4) トロリ線の機械的磨耗は、パンタグラフの押し上げ圧力が小さく、すり板が硬いものほど大きくなる。

問題2 電気鉄道におけるパンタグラフの離線防止対策に関する記述として、不適当なものはどれか。

(1) トロリ線の接続箇所を少なくする。

(2) トロリ線の架線金具類を重量化する。

(3) トロリ線の勾配変化をできるだけ少なくする。

(4) トロリ線の押上りが、支持点と径間中央すべての部分で均一となるようにする。

解答・解説

問題1

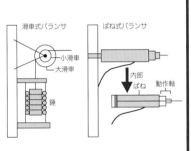

・トロリ線の機械的磨耗は、**パンタグラフの押し上げ圧力が大きく、すり板が硬いものほど大きくなる。**

・トロリ線を一定の張力に保つようちょう架線とトロリ線の終端部分では自動張力調整装置が使用される。

答 (4)

問題2

パンタグラフがトロリ線から離線することのないように、トロリ線の架線金具類は軽量化しなければならない。　**答 (2)**

☺ POINT ☺

信号保安装置と列車制御装置についてマスターしておく。

1. 信号保安装置

列車や車両の運転を安全かつ効率的に行うために必要な装置である。

①信号装置：信号、合図、標識によって、運転条件、意志、場所などの形態などを指示または表示する。

②閉そく装置：1駅間を適当ないくつかの区域に分けて、**1区域内を1列車に占有させ、この区域内に他の列車を進入させないようにし**、安全を確保する。

③転てつ装置：1つの線路から他の線路に分かれる部分（分岐点）に分岐器が置かれ、その**進路を転換する部分の装置**である。

④連動装置：信号装置と転てつ装置を関連づける装置で、信号機相互間、転てつ器相互間にある条件が満足したときだけ作動するような連鎖を設ける。

⑤軌道回路装置：閉そく区間内での**列車の存在の有無を検知**する。

2. 列車制御装置

列車の安全走行のため、次の列車制御装置などが施設されている。

① **ATS**：**自動列車停止装置**で、列車が停止信号を現示している信号機に近づくと車内で警報を発し、運転士が一定時間内にブレーキ操作と確認操作をしなければブレーキを作動させて列車を**自動停止**させる。

② **ATC**：**自動列車制御装置**で、列車の走行速度が制限速度を超過した場合、**自動減速・自動停止**させる。

③ **ATO**：**自動列車運転装置**で、ATC よりさらに運転を自動化したシステムで、運転士はスタートを指示するボタンを押すだけで、自動運転できる。

　＊自動運転の機能＝始動＋加速＋減速＋停止

④ **CTC**：**列車集中制御装置**で、**線区の列車運行を集中管理・遠隔制御**できるシステムであり、要員の合理化と列車の安全、正確な運転のため迅速・的確な指令が行える。

問題1 電気鉄道の信号保安設備に関する記述として、最も不適当なものはどれか。

(1) 転てつ装置は、分岐器を転換して列車または車両の進路を変えるための装置である。

(2) 運行管理装置は、列車の運行状況を集中的に監視し、一括して列車運行の管理等を行うための装置である。

(3) 軌道回路装置は、1区間に1列車のみ運転を許容し、列車の衝突や追突等を防止するための装置である。

(4) 信号装置は、列車または車両に対して、区間の進行や停止等の運転条件を示すための装置である。

問題2 電気鉄道における列車制御装置に関する次の文章に該当する略称として、適当なものはどれか。

「先行列車との間隔および進路の開通状況に応じた情報をもとに、自列車を許容速度以下に保つようにブレーキの制御を自動的に行うシステム。」

(1) ATS

(2) ATC

(3) ATO

(4) CTC

解答・解説

問題1

軌道回路装置は、閉そく区間内での列車の存在の有無を検知する装置の1つである。　　　**答 (3)**

問題2

ATC は、列車の走行速度が制限速度を超過した場合、**自動減速・自動停止**させるもので、地上設備と車上設備で構成されている。列車の始動および加速は運転士が行う。

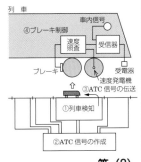

答 (2)

☺ POINT ☺

道路における交通安全の確保、交通の流れの円滑化のためには交通信号制御が不可欠である。ここでは、交通信号制御についてマスターしておく。

1. 信号制御の種類

①単独交差点の信号機の制御

・**定周期制御**：あらかじめ定めたとおりに信号表示を繰り返す。

・**地点感応制御**：交差点の流入部に設けた感知機で通過する交通を感知し、その流入部の青時間を感知に応じて伸縮する。

②複数の信号機を相互に関連させた制御

・**系統式制御**：幹線道路や市街地で、複数の信号機を相互に関連させて運用する。

・**地域制御**：都市中心部のように交通量が多く、道路が縦横に交差している信号機の設置密度が高い場合、地域内の信号機を相互に関連づけて面的に運用する。

2. 信号制御の三大要素

①サイクル

定周期式信号機では、青→黄→赤の順に表示が変わり、この**一巡する時間をサイクル（周期）**といい、交差点が大きく交通量の多いほど長い。

②スプリット

1サイクルの時間のうち**一方向に割り当てられる信号時間の配分を百分率**〔%〕で表したものである。

③オフセット

幹線道路を走る車が信号により停止することなく、各交差点をスムーズに通過できるよう**隣接する交差点間の青信号が始まる時間にずれを持たせる。**このずれのことをオフセットといい、両方の青信号が同時に始まる場合は0となる。

		オフセット				
信号①		青		黄	赤	
信号②	赤		青		黄	赤
			サイクル			

3. 交通信号の感応制御

　交差点の交通流の変化を検出し
ながら、これにあわせて信号機を
制御すると、渋滞が緩和される。
感応制御には、**車両感知器を従道
路のみに置く半感応制御**と、**主従
道路の両方に設ける全感応制御**が
ある。

超音波

①**半感応制御**：常時は主道路の信号を青にし、**従道路は感知器
　が感知したときだけ青**とする。従道路の交通量が少ないか変
　動が激しい場合に採用される。

②**全感応制御**：車両感知器を主従道路両方に設置し地点制御を
　行う制御方式であるので、変形交差点や交通需要が不定形か
　変動の激しい交差点に適している。

問題1　道路交通信号の系統制御に関する次の文章に該当す
る語句として、最も適当なものはどれか。
「系統区間内の隣接信号機群が同時にかつ交互に青と赤になる
制御で、相対オフセットが50%となるもの」
　(1)　同時オフセット
　(2)　交互オフセット
　(3)　平等オフセット
　(4)　優先オフセット

解答・解説

問題1
・**同時オフセット**では、全交差点が同時に青になり、信号間隔
　が短い場合に採用される。
・**平等オフセット**は、上下間の交通量に著しい差がない場合に
　採用される。
・**優先オフセット**は、上下間の交通量の差が極端に多い場合に
　採用される。　　　　　　　　　　　　　　　　　**答　(2)**

☺ POINT ☺

道路照明について、照明方式、配列方式、トンネル照明について
マスターしておく。

1. 道路照明方式

　道路照明方式の代表的な種類として、下表のものがあり、目
的や場所に応じた使い分けをする。

ポール照明	地上10〜15mのポール先端に照明器具を取り付けて照明する。
ハイマスト照明	地上20〜50mの高いポール先端に大出力の光源を複数取り付けて照明する。**広範囲を照明できるので、路面均斉度が高くグレアも少ない。**
高欄照明	道路の低側面に照明器具を取り付けて照明する。
カテナリ照明	**中央分離帯**に地上10〜20mのポールを立て、ワイヤーを張り照明器具を懸垂する。

2. 道路照明の配列方式

　次のような配列方式がある。

①**片側配列**：曲線道路、市街地道路、中央分離帯のある道路な
　どに用いる。

②**両側配列**（向き合わせ配列）：直線道路や広い曲線道路に適
　し、誘導性は良好である。

③**千鳥配列**：明暗の縞ができ走行時に**不快**さがあり、**曲線道路**
　では**誘導性が悪く、路面輝度の均一性が低下**する。

（a）片側配列　　　（b）両側配列　　　（c）千鳥配列

配列方式

3. トンネル照明

基本的に次の3種類の照明から構成されている。

①**入口照明**：昼間、運転者の眼が順応しやすいように、**入口部の輝度を最大にし、奥に進むに従って減少**させる。晴天時の路面輝度は、曇天時より高い値とする。

②**基本照明**：トンネル全長にわたって灯具を一定間隔に設置し、平均路面輝度は設計速度が速いほど高い値とする。

③**出口照明**：昼間、出口付近の野外輝度が著しく高い場合に、出口の手前付近にある障害物や先行車の見え方を改善するための照明である。

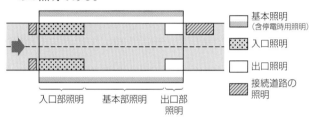

基本照明（含停電時用照明）

入口照明

出口照明

接続道路の照明

入口部照明　基本部照明　出口部照明

問題1 道路照明に関する記述として、最も不適当なものはどれか。

(1) 灯具の千鳥配列は、道路の曲線部における適切な誘導効果を確保するのに適している。

(2) 連続照明とは、原則として一定の間隔で灯具を配置して連続的に照明することをいう。

(3) 局部照明とは、交差点やインターチェンジなど必要な箇所を局部的に照明することをいう。

(4) 連続照明のない横断歩道部では、背景の路面を明るくして歩行者をシルエットとして視認する方式である。

解答・解説

問題1

千鳥配列は、直線道路では走行時に**明暗の縞による不快**さがある。曲線道路では誘導性が悪く、路面輝度の均一性が低下する。

答 (1)

☺ POINT ☺

自動火災報知設備についてマスターしておく。

1. 自動火災報知設備

火災に伴う熱・煙・炎の発生を検出し、警報を発信するもので、下図のように構成されている。

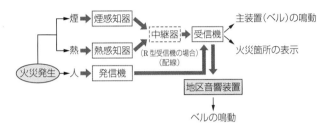

①**感知器**：火災によって生じる熱、煙、炎などを自動的に感知し、受信機や中継器に**火災信号を発信する装置**で、**熱感知器（定温式、差動式）、煙感知器（光電式）、炎感知器（赤外線・紫外線式）** などがある。

②**発信機**：人が押しボタンを押すことによって、**受信機に火災が発生した旨の信号を送る**。

③**中継器**：感知器や発信機からの火災発生信号を受信機に送る際に中継したり、この信号を中継し消火設備や排煙設備などに制御信号を発信する装置である。

④**受信機**：感知器、発信機からの信号を受けて、**火災の発生を報知する**。

> **P型**：最も多く用いられており、感知器と受信機とを直接電線で結び、火災信号を共通の信号として受信する方式の受信機で、**感知器の回路数だけ電線本数が必要**である。
> **R型**：火災情報信号を発信する専用の感知器または感知器と受信機との間に固有の信号をもつ中継器を介して接続する。感知器が作動すると、感知器または中継器ごとに異なる固有の信号を発報する方式で、**回線数が多い場合にはP型受信機に比べて電線本数が少なくてすむ利点がある**。

⑤**音響装置**：受信機が火災発生の信号を受信したときに、人々に火災が発生したことを音で知らせる装置である。

問題1 自動火災報知設備に関する次の文章に該当する機器として、適当なものはどれか。

「周囲の温度の上昇率が一定の率以上になったときに火災信号を発信する感知器」

(1) 差動式スポット型感知器

(2) 定温式スポット型感知器

(3) 光電式スポット型感知器

(4) 赤外線式スポット型感知器

1級 **問題2** 自動火災報知設備に用いる配線用図記号とその名称の組合せとして、「日本産業規格（JIS)」上、誤っているものはどれか。

図記号	名称		図記号	名称
(1) ⊠	受信機	(2)	△	炎感知器
(3) ☐	中継器	(4)	⊙	P型発信機

解答・解説

問題1

(2) の**定温式スポット型感知器**は、温度が一定以上になると作動する。

(3) の**光電式スポット型感知器**は、周囲の空気が一定濃度以上の煙を含んだときに作動する。

(4) の**赤外線式スポット型感知器**は、一定量以上の炎から放射される赤外線の変化により作動する。　　　　**答 (1)**

問題2

⊙ は回路試験器、(P) がP型受信機の図記号である。

炎感知器は、炎中に含まれる紫外線や赤外線を感知して作動する。　　　　**答 (4)**

☺ POINT ☺

警報・呼出・表示設備等についてマスターしておく。

1. 代表的な図記号

警報・呼出・表示・ナースコール設備の図記号の代表的なものは、下図のとおりである。

押しボタン	●	警報受信盤	◥◣
ベル	▽	表示器（盤）	▢▢▢▢
ブザー	◿	ナースコール	●N または N

問題1 ナースコール設備に用いる図記号とその名称の組合せとして、「日本産業規格（JIS）」上、誤っているものはどれか。

　　　　図記号　　　　　　　　名　称

(1)　◗N　　表示灯（壁付、ナースコール用）

(2)　◉N　　握り押しボタン（ナースコール用）

(3)　N　　押しボタン（復帰用、ナースコール用）

(4)　NC　　ナースコール用受信盤（親機）

問題2 建物の入退室管理設備に用いる機器として、最も関係のないものはどれか。

(1) 暗証番号入力装置
(2) IC カードリーダ
(3) ループコイル
(4) 指紋照合装置

問題3 インターホンに関する記述として、「日本産業規格（JIS）」上、不適当なものはどれか。

(1) 親子式は、親機と子機の間に通話網が構成される。

(2) 相互式は、親機と親機の間に通話網が構成される。

(3) 選局数は、同一の通話網で同時に別々の通話ができる数である。

(4) 配線本数は、指定の通話網を構成する場合に必要な機器相互間の線路に用いる配線数である。

解答・解説

問題1

押しボタン（復帰用、ナースコール用）の図記号は ●_N である。(1)～(4)に登場する記号 N は、いずれも「ナース」を意味している。　　　　　　　　　　　　　　　　　　**答 (3)**

問題2

・車両感知器には、超音波式とループコイル式とがある。

・超音波式は、路面上5m程度の高さに設置した送受器から超音波パルスを路面に周期的に発射し、車両の有無を感知する。

・ループコイル式車両検知器は、駐車場等において、地中に埋設されたループコイルを使って、**車両の有無によるインダクタンス変化分を検知**する。

答 (3)

問題3

JIS のインターホン通則からの出題である。

選局数は個々の親機、子機の呼出しが選択できる相手数である。同一の通話網で同時に別々の通話ができる数は、**通話路数**である。　　　　　　　　　　　　　　　　　　　　**答 (3)**

☺ POINT ☺

電話設備、拡声設備、TV 共同受信設備について、概要をマスターしておく。

1. 電話設備

電話設備の方式には、下表のものがある。

交換機方式	電話交換機（PBX）を設置して外線・制御を行うもので、大規模施設向けである。
ビジネスホン方式	ビジネスホン主装置で、外線・内線の制御を行うもので、小規模事務所などで採用される。
IP 電話方式	アナログ音声信号をデジタル信号に変換し、専用 IP 網を通して伝送し、再度アナログ音声信号に変換する。

2. 拡声設備

①**マイクロホン**：代表的なものに**ダイナミック形**と**コンデンサ形**がある。ダイナミック形は一般に広く採用され、屋外で使用できる。コンデンサ形は周波数特性が極めてよく、高性能が要求されるときに使用される。

②**増幅器**：定格出力の選定の際は、スピーカの定格出力の合計に余裕を見込む。

③**スピーカ**：代表的なものに、**コーン形**と**ホーン形**がある。コーン形は屋内で使用され、ホーン形は体育館や屋外など大出力が必要な場合に使用される。

3. TV 共同受信設備

TV 共同受信システムは、屋上に共同のアンテナを立て、同軸ケーブルや増幅器などを使用して、電波を共同で受信できるようにしている。

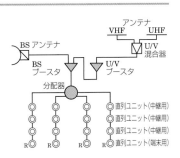

1級 問題1 スピーカに関する記述として、不適当なものはどれか。

(1) オフィスビルの一般事務室内に、コーン形を用いる。

(2) 全館放送用の増幅器には、ローインピーダンス出力方式のものを用いる。

(3) 同一室内で複数のスピーカを結線する際に、極性を考慮する。

(4) アッテネータ回路のあるスピーカで強制放送を行えるよう、3線式配線とする。

1級 問題2 図に示すテレビ共同受信設備において、増幅器出口から末端Aの直列ユニットのテレビ受信機接続端子までの総合損失〔dB〕の値として、正しいものはどれか。

ただし、

増幅器出口から末端Aまでの同軸ケーブルの長さ:20m

同軸ケーブルの損失:0.2dB/m

分配器の分配損失:4.0dB

直列ユニット単体の挿入損失:2.0dB

直列ユニット単体の結合損失:12.0dB

(1) 22.0dB

(2) 24.0dB

(3) 26.0dB

(4) 28.0dB

末端A ○R

解答・解説

問題1

全館放送用の増幅器には、配線損失の少ない**ハイインピーダンス出力方式**のものを用いる。　　　**答 (2)**

問題2

同軸ケーブルの損失は、0.2〔dB/m〕×20〔m〕=4〔dB〕

分配器の分配損失=4〔dB〕

直列ユニット単体の挿入損失=2〔dB/個〕×3〔個〕=6〔dB〕、

直列ユニット単体の結合損失=12〔dB/個〕×1〔個〕

＝12〔dB〕

∴総合損失=4+4+6+12=26〔dB〕　　　**答 (3)**

☻ POINT ☻
LAN の接続形態と LAN 接続機器などをマスターする。

1. LAN の接続形態

LAN（ローカルエリアネットワーク）の論理的な接続形態をトポロジーといい、その代表的なものには、スター形、リング形、バス形がある。

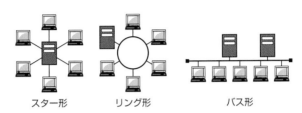

スター形　　　　　リング形　　　　　バス形

スター形	サーバやハブを中心に放射状にクライアントを配置した形態で LAN の主流である。
リング形	ループ状のネットワークにホストを接続した形態である。
バス形	バスと呼ばれる幹線にクライアントやサーバが枝状に接続された形態である。

2. OSI 参照モデルと LAN 接続機器

OSI（開放型システム間相互接続）参照モデルでは、ネットワークシステムを機能別に 7 つの階層に分けている。ネットワークシステムやプロトコルは、この階層構造モデルに合致するように作られており、OSI 参照モデルの 7 階層と LAN 接続機器との関連は下図のとおりである。

	OSI 参照モデル		LAN 接続機器
第7層	アプリケーション層	通信サービス	ゲートウェイ
第6層	プレゼンテーション層	データの表現形式の変換	
第5層	セッション層	同期制御	
第4層	トランスポート層	システム間のデータ転送	
第3層	ネットワーク層	データの伝送経路を選択	ルータ
第2層	データリンク層	伝送制御	ブリッジ
第1層	物理層	物理的な伝送媒体	リピータ

問題1 次の文章に該当する LAN を構成する機器として、適当なものはどれか。

「ツイストペアケーブルを分岐・中継する集線装置」

(1) ハブ　　　(2) リピータ
(3) ブリッジ　(4) ルータ

問題2 LAN に関する記述として、不適当なものはどれか。

(1) ルータは、第3層（ネットワーク層）で宛先の IP アドレスを見て経路制御を行い、LAN 相互を接続する。

(2) スイッチング HUB は、光加入者線端局装置からの伝送信号と、各種端末機器に対応した伝送信号間の変換を行う。

(3) HUB のポートごとや MAC アドレスごとに、バーチャル LAN を作ることができる。

(4) 接続形態には、スター形、バス形、リング形がある。

解答・解説

問題1

それぞれの選択肢の機器の役割は、下表のとおりである。

機器の名称	役割
ハブ	ツイストペアケーブルを分岐・中継する
リピータ	減衰信号を増幅し、伝送路を延長する
ブリッジ	LAN セグメントを相互接続する
ルータ	経路制御を行い、LAN 相互を接続する

答 (1)

問題2

(2) の機器は **ONU（光回線終端装置）** である。**スイッチング HUB** は、端末から送られてきたデータから宛先を検出し、**送り先の端末のみにデータを送信する。**

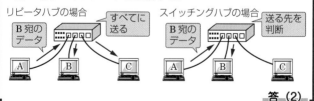

答 (2)

😻 POINT 😻

光通信設備について概要をマスターする。

1級 1. 光通信の特徴

　光ファイバを用いた光通信の特徴は、次のとおりである。

①伝送損失が少なく、**長距離・超高速伝送**が可能である。

②**広帯域**の伝送が可能で、波長多重もできる。

③**細径・軽量**で、建設・保守が容易である。

④**無誘導**で、漏話の発生もない。

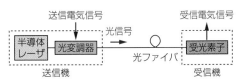

1級 2. 光ファイバの分類

　光信号の伝送には石英ガラスやプラスチックが使用されている。光ファイバは、**屈折率の大きいコアと屈折率の小さいクラッド**の二層構造で、コアとクラッドの境界での**全反射**で光信号が前進する。

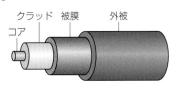

　モードで分類すると、シングルモード（SM）とマルチモード（MM）に分類される。光の通過のしかたが1つしかなく**コア径が細いのがシングルモード**で、**コア径が太いのがマルチモード**である。シングルモードは長距離伝送が可能で、現在の主流である。

1級 3. 光ファイバの接続

　光ファイバの切断面を溶かして接続する**融着接続**、光ファイバ端面を機械的に突き合せて固定する**メカニカルスプライス**、心線を機械的に突き合わせる**コネクタ接続**がある。

　コネクタ接続は、コネクタのロックを外すと光ファイバ同士を容易に着脱できる。

1級 **問題1** 光ファイバケーブルに関する記述として、不適当なものはどれか。

(1) マルチモード光ファイバは、屈折率分布により、ステップインデックス（SI）型とグレーテッドインデックス（GI）型がある。

(2) シングルモードファイバは、コア径が小さく単一のモードで伝搬するものである。

(3) 光ファイバは、光の屈折率の高いコア（中心部）とその外側の屈折率の低いクラッドから構成されている。

(4) シングルモードファイバは、マルチモードファイバと比較して、伝送損失が大きく長距離伝送に適さない特徴がある。

1級 **問題2** 光ファイバケーブルの施工に関する記述として、最も不適当なものはどれか。

(1) 光ファイバ心線は電磁誘導の影響を受けないので、電力ケーブルと並行して布設した。

(2) 地中管路内へのケーブルのけん引にケーブルグリップを使用し、ケーブルシースに張力をかけ引っ張った。

(3) マンホール内に設置したクロージャ内で、光ファイバ心線相互を融着接続工法で接続した。

(4) メタリック形ケーブルを使用したので、鋼製のテンションメンバとアルミテープを成端箱で接地した。

解答・解説

問題1

シングルモードファイバは、マルチモードファイバと比較して、**伝送損失が小さく長距離伝送**に適している。　　　**答 (4)**

問題2

ケーブルシースに張力をかけて引っ張ると、光ファイバにも張力がかかり破断するおそれがあるので、テンションメンバに張力をかけてけん引する。

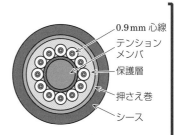

0.9 mm 心線
テンションメンバ
保護層
押さえ巻
シース

答 (2)

得点パワーアップ知識

・電気工学・

電気鉄道

①車両限界は、列車を安全に運転するために車両の断面の大きさに制限を加え、これより外方に突き出さないように定めた限界である。

②建築限界は、線路に接近する建物、プラットホーム、電柱などに対して一定の限界を定め、これより線路側に入らないように制限された限界である。

③直流き電方式は、き電用変電所からの高調波が発生するので、対策が必要となる。

④交流電気鉄道のATき電方式は単巻変圧器を、BTき電方式は吸上変圧器を使用する方式である。

⑤軌間とは、軌道における両レールの頭部内側の距離である。

⑥新幹線の軌間は1 435 mmである。

⑦トロリ線相互は、ダブルイヤーを使用して接続する。

防　災

①建物の入退室管理設備に用いる機器には、暗証番号入力装置、ICカードリーダ、指紋照合装置などがある。

②自動火災報知設備のP型1級発信機は、床面からの高さが0.8 m以上1.5 m以下の箇所に設けること。

③自動火災報知設備の配線に使用する電線とその他の電線とは同一の管に収めてはならない。

情報通信

①高周波同軸ケーブルの特性インピーダンスには、50Ωと75Ωがあり、周波数が高いほど減衰量が少ない。

②全館放送では、同一回線のスピーカは並列接続する。

③光ファイバケーブルの損失測定方法のうち、ファイバ内の屈折率のゆらぎを利用したものにOTDR法がある。

関連分野

☺ POINT ☺
空気調和設備について概要をマスターする。

1. 空気調和の方式
使用される熱搬送媒体により下表のように分類される。

分 類	空調方式	システムの概要
全空気方式	定風量単一ダクト方式	①送風量一定で、負荷に応じて温度を変化させる。 ②高度な空気処理ができる。
	変風量単一ダクト方式	①温度一定で、負荷変動により送風量を変化させる。 ②送風機の回転速度制御を行うため、低負荷時の搬送動力を削減できる。
	二重ダクト方式	冷風と温風を混合して供給するため混合損失が生じ、省エネ性が損なわれる。
全水方式	ファンコイルユニット方式	①冷温水の変流量供給による個別制御が可能である。 ②単独では外気取入れや室内湿度の制御を十分に行えない。

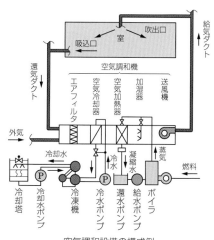

空気調和設備の構成例

1級 問題1 空気調和設備に関する記述として、最も不適当なものはどれか。

(1) ファンコイルユニット・ダクト併用方式は、負荷変動の多いペリメータの負荷をファンコイルユニットで処理する。

(2) 変風量単一ダクト方式は、送風温度と風量を室ごとに変化させることにより負荷変動に対応する。

(3) 空気熱源ヒートポンプパッケージ方式は、暖房運転では外気温度が低下すると能力も低下する。

(4) 定風量単一ダクト方式は、複数の室を空調する場合に、各室間に温度や湿度のアンバランスが生じやすい。

1級 問題2 空気調和設備における、全空気方式と比較したファンコイルユニット・ダクト併用方式の特徴に関する記述として、最も不適当なものはどれか。

(1) ゾーン制御が容易である。

(2) 保守管理に手間がかかる。

(3) ダクト断面積が小さくなる。

(4) 室内のじんあいの処理が行いやすい。

解答・解説

問題1

変風量単一ダクト方式は、送風温度は一定で、各室ごとに変風量ユニット（VAV ユニット）を設けて吹出し風量を制御するので、間仕切り変更にも対応しやすい。

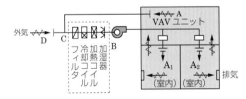

答 (2)

問題2

ファンコイルユニット・ダクト併用方式は、送風機が小形のため高性能フィルタが使えず高度の空気処理は困難である。

答 (4)

☻ POINT ☻

機械換気の種類について特徴と適用場所についてマスターする。

1. 換気の目的

　換気の目的は、室内空気の清浄化、熱や水蒸気の除去および酸素の供給のために、室内外の空気を入れ換えて清浄な空気と交換することにある。

2. 換気の種類

①換気には、自然換気と機械換気がある。

②自然換気は、室内外の温度差による浮力や外界の自然風によって生じる圧力を利用した換気である。

③機械換気は、換気扇や送風機などにより強制的に換気するもので、自然換気に比べて必要な時に安定した換気量を得ることができる。機械換気は、室内圧の正負を決める換気扇や送風機の配置によって、以下の3種類がある。

第1種換気	第2種換気	第3種換気
給排気とも機械で行う。	給気は機械で、排気は自然換気で行う。	給気は自然換気で、排気は機械で行う。
ビル・屋内駐車場・自家発電機室・受変電室・倉庫・業務用厨房などに適用される。	正圧 ボイラ室・クリーンルーム・機器の冷却などに適用される。	負圧 受変電室・蓄電池室・便所・湯沸室・更衣室・コピー室・浴室・台所などに適用される。

問題1 換気設備に関する記述のうち、最も不適当なものはどれか。

(1) 第1種機械換気方式は、ボイラ室など燃焼用空気およびエアバランスが必要な場所に用いられる。

(2) 第2種機械換気方式は、便所など室内圧を負圧にするための換気方式である。

(3) 第3種機械換気方式は、室内の汚れた空気や水蒸気などを他室に流出させたくない場所に用いられる。

(4) 自然換気方式は、外部の風や温度差に基づく空気の密度差を利用した換気方式である。

問題2 室名とその用途に適した機械換気方式を示す図の組合せとして、最も不適当なものはどれか。

(1) 湯沸室

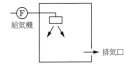

(2) 屋内駐車場

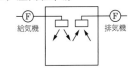

(3) 便所

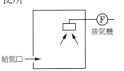

(4) 自家発電機室

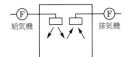

解答・解説

問題1

第2種機械換気方式は、室内圧を正圧にする。便所は、臭気が他室に漏れないように室内圧を負圧にする第3種機械換気方式とする。　　　　　　　　　　　　　　　　　　**答 (2)**

問題2

湯沸室は、熱や湯気の排気ができるよう第3種換気としなければならない。(1) の図は第2種換気となっている。

答 (1)

❤ POINT ❤

給水設備と排水設備について概要をマスターする。

1. 給水設備

①給水設備は、上水道から水を建物内に供給するための設備である。

②給水方式には、配水管に直結して給水する**直結式**と受水槽を経由して給水する**受水槽式**とがある。

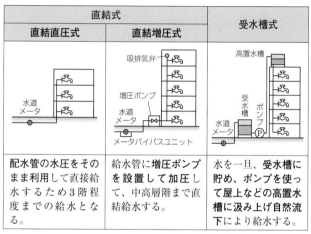

直結式		受水槽式
直結直圧式	直結増圧式	
配水管の水圧をそのまま利用して直接給水するため3階程度までの給水となる。	給水管に**増圧ポンプ**を設置して加圧して、中高層階まで直結給水する。	水を一旦、**受水槽に貯め**、ポンプを使って屋上などの**高置水槽に汲み上げ自然流下により給水する**。

2. 排水設備

　排水設備は、便所・台所・浴室などの**生活排水を公共汚水ますへ接続するための施設**であり、下水を公共下水道に支障なく、衛生的に排除する設備である。

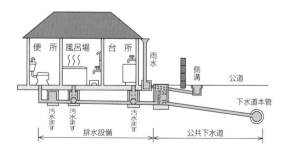

問題1 建物内の給水方式に関する記述として、最も不適当なものはどれか。

(1) 高置水槽方式は、高置水槽から重力によって建物内の必要箇所に給水する。

(2) 水道直結直圧方式の給水圧力は、水道本管の圧力に応じて変化する。

(3) 水道直結直圧方式は、受水槽方式に比べて水質汚染の可能性が低い。

(4) 高置水槽方式の揚水ポンプの揚水量は、瞬時最大予想給水量以上にする必要がある。

問題2 図に示す排水槽の満水警報付液面制御において、排水ポンプ停止用の電極棒として、適当なものはどれか。

(1) E_1

(2) E_2

(3) E_3

(4) E_4

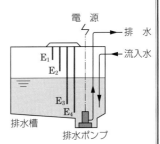

解答・解説

問題1

揚水ポンプの揚水量は、**高置水槽方式では時間最大給水量**により決定し、**圧力タンク・加圧ポンプ方式では瞬時最大予想給水量以上**とする。　　　　　　　　　　　　　　　　　**答 (4)**

問題2

・E_4 は電源極で、他の電極との通電に使用する。

・E_1〜E_3 の電極の水位レベルと作動について整理すると、次のようになる。

・電極 E_1：満水警報を発信する。

・電極 E_2：排水ポンプを始動する。

・電極 E_3：排水ポンプを停止する。　　　　　　　　　　**答 (3)**

☺ POINT ☺

土の現象と鉄塔の基礎について概要をマスターする。

1. 土の現象

区 分	ヒービング	ボイリング
現 象	**軟弱粘性土**地盤の掘削時に、矢板背面の土の質量で掘削底面内部にすべり破裂が生じ、底面を押し上げる。(**盤膨れ**)	砂質地盤の掘削時に、地下水位が高いと、水圧によって砂と水が吹き上がる。
説明図	土砂の流動（回込み） 土砂の沈下 移動した土 軟弱粘性土	土の沈下 地下水 吹き上げられた土 砂地盤

2. 鉄塔の基礎

鉄塔の基礎には、構造・用途によってコンクリート基礎と鋼材基礎がある。

コンクリート基礎

主脚材といかり材をコンクリートまたは鉄筋コンクリートで包んだもので、荷重の規模や地質によって、逆T字型基礎、ロックアンカー基礎、べた基礎、アースアンカー基礎、井筒基礎、くい基礎などに分類される。深礎基礎は、勾配の急な山岳地に適用され、鋼板などで孔壁を保護しながら円形に掘削し、コンクリート軀体を孔内に構築する。

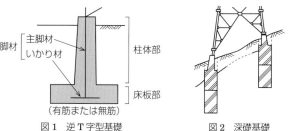

脚材 { 主脚材 いかり材 柱体部 床板部 (有筋または無筋)

図1 逆T字型基礎 　　図2 深礎基礎

問題1 掘削工事の際に発生する現象に関する次の文章に該当する用語として、適当なものはどれか。

「軟弱地盤で掘削を行うとき、矢板背面の鉛直土圧によって掘削底面が盛り上がり、矢板背面の沈下を生ずる現象」

- (1) クイックサンド
- (2) ヒービング
- (3) ボイリング
- (4) クリープ

問題2 図に示す山留め支保工に関するイとロの名称の組合せとして、適当なものはどれか。

	イ	ロ
(1)	切梁	中間杭
(2)	切梁	腹起し
(3)	火打ち	中間杭
(4)	火打ち	腹起し

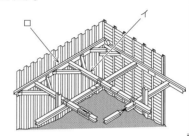

解答・解説

問題1

「**軟弱地盤**」、「**掘削底面が盛り上がり**」がヒントとなり、「軟弱な粘土質地盤で掘削を行うとき、矢板背面の鉛直土圧によって掘削底面が盛り上がる現象」は、**ヒービング**である。　**答 (2)**

問題2

- ・山留めは、根切り周囲の地盤の崩壊や土砂の流出を防ぐための仮設物である。
- ・イは**切梁**、ロは**腹起し**で、切梁と腹起しとの間の**斜め材**は**火打ち梁**である。
- ・親杭横矢板土止め工法は、**遮水性がよくない**ことも知っておく。　**答 (2)**

😺 POINT 😺
コンクリートについて基礎知識をマスターする。

1. コンクリートの組成

コンクリートは、セメント
に水と砂利などの骨材を加え
練り合わせたものである。

コンクリート
＝セメント＋水＋骨材
　セメントペースト

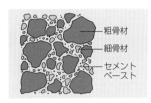

- 粗骨材
- 細骨材
- セメントペースト

2. コンクリートと鉄筋

①コンクリートは圧縮力に対しては強いが、**引張力には弱い**。
　鉄筋コンクリートのコンクリートは圧縮応力を負担し、鉄筋
　は引張応力を負担する。

②コンクリートの強さは水・セメント（W/C）比で決まりこの
　値が小さい方が強い。

③**コンクリートと鉄筋の熱膨張率はほぼ同じである。**

④**ひび割れの防止のためには湿潤養生が必要である。**

⑤**コンクリートはアルカリ性のため鉄筋は錆びにくい。**

3. コンクリートの不具合事象

①**コールドジョイント**：コンクリートの打ち継部で、次の打設
　までに時間をかけ過ぎてしまうと、ひび割れが発生する。

②**ブリージング**：コンクリートの打設方法が適切でなかった
　り、コンクリートに水分が多いと材料分離によって水が上に
　浸み出すなど、ひび割れや強度不足を招く。

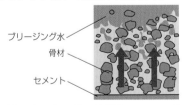

ブリージング水

骨材

セメント

③**アルカリ骨材反応**：ある種の骨材が、コンクリート中のアル
　カリ成分と反応して膨張し、コンクリートを内部から崩落さ
　せる。

問題1 鉄筋コンクリートに関する記述として、不適当なものはどれか。

(1) 鉄筋とコンクリートの線膨張係数は、常温ではほぼ等しい。

(2) コンクリートはアルカリ性であり、鉄筋の錆を防止する効果がある。

(3) 水セメント比が大きくなるほど、コンクリートの圧縮強度は大きくなる。

(4) コンクリートに用いる骨材の粒形は、丸みのある球形に近いものがよい。

1級 問題2 コンクリートの施工に関する記述として、最も不適当なものはどれか。

(1) コールドジョイントは、コンクリートの打込み時の気温が低いときの方が生じやすい。

(2) コンクリートの締固めは、突固めより振動締固めの方が内部の気泡を追い出しやすい。

(3) 打込み後のコンクリートには、露出面を日光の直射や風雨から保護するための養生を行う。

(4) 養生期間中のコンクリートには、十分な湿気を与える。

解答・解説

問題1

水セメント比とは、水 (W) とセメント (C) の重量の比率 (W/C) で、値が大きいほど、圧縮強度は小さくなる。

(参考)

①コンクリートの呼び強度には圧縮強度が用いられる。

②コンクリートのスランプ値(固まる前のコンクリートの柔らかさを示す)は小さいほど強度が大きいが、ワーカビリティ(作業性)は悪い。

③鉄筋端部のフックは、コンクリートに対し鉄筋の付着力を増す効果がある。　　　　　　　　　　　　　　　　**答 (3)**

問題2

コールドジョイントは、打込み時の気温が高い方が生じやすい。　　　　　　　　　　　　　　　　　　　　　　**答 (1)**

☻ POINT ☻
道路舗装と建設機械について概要をマスターする。

1. 道路舗装

舗装は、**道路の耐久力を増す**ためのもので、コンクリート舗装やアスファルト舗装がある。アスファルト舗装は、路床上に、路盤・基層・表層を構成したものである。

表層(アスファルト混合物) 基層(アスファルト混合物) 上層路盤 下層路盤 構築路床 路床(原地盤) 路体	表層	交通荷重を分散して、交通の安全性、快適性を確保する。
	基層	路盤の不陸を整正し、表層に加わる荷重を均一に路盤に伝達させる。
	路盤	均一な支持基盤とし、上層からの交通荷重を分散して路床に伝える。
	路床	舗装の路盤面下の厚さ約1mの層で、路盤を介して伝達される分散荷重を支持する。

2. 締固め機械

土やアスファルト舗装などの材料に力を作用させ、材料の密度を高め（締固め）るために用いられる建設機械である。

① **ロードローラ**：地表面を**鉄輪で転圧・締固め**を行う。

② **タイヤローラ**：空気タイヤの接地圧とタイヤ質量配分を変化させ、**土やアスファルト混合物などの締固め**を行う。

③ **振動ローラ**：自重の他にドラムまたは車体に取り付けた起振体により鉄輪を振動させ、**砂質土の締固め**を行う。

④ **タンピングローラ**：ローラの表面に突起をつけたもので、突起を利用して**土塊や岩塊の破砕や締固め**を行う。

⑤ **振動コンパクタ**：平板に振動機を取り付けて、その振動によって締固めを行う。

問題1 アスファルト舗装に関する記述として、最も不適当なものはどれか。

(1) アスファルト舗装は、コンクリート舗装に比べて耐久性が低い。

(2) アスファルト舗装は、コンクリート舗装に比べて養生期間が長い。

(3) アスファルトフィニッシャは、アスファルト混合物の敷きならしに使用される。

(4) タンデムローラは、アスファルト混合物の敷きならし後の仕上げ転圧に使用される。

問題2 建設工事に使用する締固め機械に関する記述として、最も不適当なものはどれか。

(1) タイヤローラは、タイヤの空気圧を変えることにより接地圧の調整が可能である。

(2) ロードローラは、衝撃的な力により締固めを行うもので粘性土の締固めに適している。

(3) タンピングローラは、ローラの表面に突起をつけたもので、土塊や岩塊などの破砕や締固めに効果がある。

(4) 振動ローラは、ローラに振動機を組合せ、小さな重量で締固めを行うものである。

解答・解説

問題1

アスファルト舗装は、コンクリート舗装に比べて**養生期間が短い**。 答 **(2)**

問題2

ロードローラは、表面が滑らかな**鉄輪**によって路床や路盤の締固めを行う。

ロードローラ

タンピングローラ

答 **(2)**

土木4 測　量

☃POINT☃

測量について概要をマスターする。

1. 代表的な測量

　測量は、地表面に点の関係位置を決めるために行うものである。

①**平板測量**：製図用の平板に三脚を取り付け、磁石・アリダード・巻尺などを用いて、直接現地で作図する。

②**水準測量**：地上の各点の高さを求める測量である。

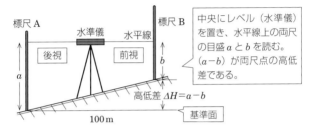

中央にレベル（水準儀）を置き、水平線上の両尺の目盛 a と b を読む。$(a-b)$ が両尺点の高低差である。

③**スタジア測量**：スタジア（視距儀）を用いて行う間接的な距離測量で、トランジットまたはレベルの望遠鏡に視準線があり、視準線の上下にある2本の視距線（スタジア線）で、測点の箱尺の目盛りを読むことにより距離を求める。

④**トラバース測量**：多角測量とも呼ばれ、位置のわかっている点と未知の点を一続きの折れ線で連ね、既知点から出発し、1つの折線ごとに距離と方向角を測定し、次々と位置を決定して未知の点を測定する。

2. 測量の誤差

　誤差には、定誤差（系統的誤差）と不定誤差（偶然誤差）があり、定誤差は原因が特定でき何らかの方法で除去できる誤差で、次の3つに分類される。

①**器械的誤差**：測定機器の目盛りのずれや調整不良などによって生じる誤差で、機器の選定や測定方法の工夫などにより除去できる。

②**理論的誤差**：温度差による伸縮や光線の屈折、地球表面の曲率などによって生じる誤差で、理論計算によって除去できる。

③個人誤差：個人ごとのくせによって生じる誤差で、複数の人が測定して平均するなどによって除去できる。

問題1 水準測量に関する用語として、関係のないものはどれか。
(1) トラバース点
(2) ベンチマーク
(3) 基準面
(4) 標高

問題2 測量に関する次の文章に該当する用語として、適当なものはどれか。
「アリダードや磁針箱等を用いて測量と製図を現地で同時に行うもので、精度は一般に他の測量に及ばないが、作業が簡便で迅速に行うことができる。」
(1) 平板測量
(2) スタジア測量
(3) 直接水準測量
(4) トラバース測量

解答・解説

問題1
トラバース点は、トラバース測量に関する用語である。

答 (1)

問題2
平板測量である。

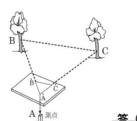

答 (1)

☻ POINT ☻

鉄筋コンクリート構造、鉄骨構造、鉄骨鉄筋コンクリート構造
についてマスターする。

1. 鉄筋コンクリート構造 (RC 造)

　引張力に強い鉄筋と、**圧縮力に強いコンクリート**の長所を生
かしている。鉄筋は耐火性に乏しく錆びやすいが、コンクリー
トで鉄筋を覆うことでこれをカバーしている。

　鉄筋コンクリート構造の鉄筋のうち、**主筋**は**引張力**に耐え、
柱の**帯筋**や梁の**あばら筋**は、**せん断力に対する補強**のために使
用されている。

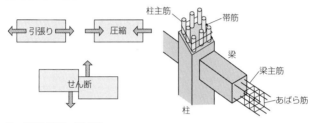

2. 鉄骨構造 (S 造)

　鉄骨構造のうちラーメン構造とトラス構造は、下表のとおり
である。

区　分	ラーメン構造	トラス構造
構　造	梁／柱／床スラブ	節点：ボルトやピンで結合
説　明	柱と梁を組み合わせて構成した門形の軸組みで、部材と部材を**剛接合**した構造である。	部材の節点をピン接合とし、**三角形の鋼材で構成**した構造で、体育館や鉄橋などに用いられている。

3. 鉄骨鉄筋コンクリート構造（SRC造）

　柱や梁などの骨組みを鉄骨で組み、その周囲に鉄筋を配置して、コンクリートを打ち込み一体構造としたものである。鉄筋コンクリート造に比べ強度が強く柱を細くでき、耐震性にも優れているため**超高層や高層建築**に用いられる。

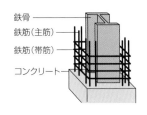

鉄骨
鉄筋（主筋）
鉄筋（帯筋）
コンクリート

問題1 鉄筋コンクリート構造に関する記述として、最も不適当なものはどれか。
- （1）鉄筋のかぶり厚さは、耐久性や耐火性に影響する。
- （2）鉄筋とコンクリートの付着強度は、異形鉄筋より丸鋼の方が大きい。
- （3）コンクリートの中性化が鉄筋の位置まで達すると、鉄筋は錆びやすくなる。
- （4）圧縮力に強いコンクリートと引張力に強い鉄筋の特性を、組み合わせたものである。

問題2 鉄骨構造に関する記述として、最も不適当なものはどれか。
- （1）ラーメン構造は、部材と部材を剛接合している。
- （2）トラス構造は、三角形を1つの単位として部材を組立てたものである。
- （3）ラーメン構造は、トラス構造と比べて少量の鋼材でできる。
- （4）立体トラス構造は、大空間の構成に適している。

解答・解説

問題1
丸鋼より異形鉄筋のほうがコンクリートとの**接触面積が大きい**ため、付着強度が大きい。　　　　　　　　　　**答（2）**

問題2
ラーメン構造は、断面の大きな重量部材を使用するので、トラス構造と比べて**鋼材の量は多くなる**。　　　　　**答（3）**

得点パワーアップ知識

・関連分野・

機械

① CO_2 濃度制御は、還気ダクトや室内に設置した CO_2 濃度センサにより外気導入ダンパの開度を制御し、外気量を制御する方式である。

② 熱源機台数制御は、二次側の空調負荷に応じ熱源機の運転台数を制御する。

土木

① 土質調査のうち、標準貫入試験から N 値、粒度試験から均等係数、せん断試験から粘着力が求められる。

② 水セメント比の大きいコンクリートやセメントペースト量の多いコンクリートは、収縮率が大きくひび割れが生じることがある。

③ コンクリートの締固めには、バイブレータを用いる。

④ 平板測量では、アリダードなどの簡便な道具を用いて距離・角度・高低差を測定し、現場で直ちに作図する。

⑤ 標尺が手前に傾いていると、斜めの寸法を読むことになり、標尺の読みは大きくなる。

建築

① 鉄筋コンクリート構造の鉄筋端部のフックは、コンクリートに対する定着を高める効果がある。

② 床スラブは、積載荷重や固定荷重をはりや柱に伝え、風圧力や地震力などの水平力にも効果がある。

施工管理

☻ POINT ☻

施工計画の基本についてマスターしておく。

1. 施工計画の意味合い

　施工計画とは、契約条件に基づいて、**設計図書に示された品質の工事を工期内に完成させる**ために、種々の制約の中で、**経済的かつ安全かつ的確に施工する条件と方法を策定する**ことである。

　施工計画＝良いものを、安く、早く、安全にがモットー

　　　　　　（品質 Q：Quality）（コスト C：Cost）

　　　　　　（工期 D：Delivery）（安全 S：Safety）

　これらの実現には施工管理が必須である！

　　　　　　　　　　↓

> **施工管理**
>
> 　施工管理は、安全の確保、環境保全への配慮といった社会的要件の制約の中で施工計画に基づき工事の円滑な実施を図ることであり、品質管理、工程管理、原価管理の3つの柱によって支えられている。
>
> 　**施工管理＝品質管理＋工程管理＋原価管理＋安全管理**

2. 施工計画の作成手順

①発注者との契約条件を理解し、現場条件を確認するため、**現地調査**を行う。

②技術的検討および経済性などを考慮して施工方法の**基本方針**を定める。

③**工程計画**を立て、**工程表**を作成する。

④労務、材料などの調達および使用計画を立てる。

3. 施工計画の方針決定に際しての留意事項

①全体工期や工費への影響の大きいものを優先検討する。

②**新しい工法の採用や改良**を試みる。

③理論や新工法に気をとられ過ぎ、過大な計画にならないように注意する。

④重要事項に対しては、全社的な取組みをする。

⑤労務・工事機械の円滑な回転を図り、コストの低減に努める。

⑥経済的な工程に走ることなく、**安全、品質にも十分配慮する**ようにする。

⑦繰返し作業による作業効率の向上を図る。

⑧**複数案から最適案を導く**ようにする。

⑨発注者との協議を密に行い、発注者のニーズを的確に把握する。

問題1 施工計画立案の順序として、最も適当なものはどれか。ただし、イ～ニは作業の内容を示す。

イ　施工方法の基本方針を決める。

ロ　工程計画をたて、総合工程表を作成する。

ハ　材料などの調達計画および労務計画をたてる。

ニ　発注者との契約条件を理解し、現場調査を行う。

(1) イ→ニ→ロ→ハ

(2) イ→ハ→ニ→ロ

(3) ニ→イ→ロ→ハ

(4) ニ→ハ→イ→ロ

問題2 [5択] 施工計画の作成に関する記述として、最も不適当なものはどれか。

(1) 新工法や新技術は実績が少ないため採用を控え、過去の技術や実績に基づき作成する。

(2) 現場担当者のみに頼ることなく、会社内の組織を活用して作成する。

(3) 発注者の要求品質を確保するとともに、安全を最優先にした施工を基本とする。

(4) 計画は1つのみでなく、複数の案を考えて検討し、最良の計画とする。

(5) 図面、現場説明書および質問回答書を確認し、工事範囲や工事区分を明確にする。

解答・解説

問題1

施工計画立案の順序は、現地調査→基本方針の決定→総合工程表の作成→調達計画や労務計画の立案の順である。　**答 (3)**

問題2

新工法や新技術を積極的に検討し、採り入れるようにしなければならない。　**答 (1)**

☙ POINT ☙

施工計画の基本についてマスターしておく。

1. 施工計画立案時の留意事項

施工計画立案時には、以下の項目に留意しなければならない。

①設計書の内容の詳細な検討、新工法や新材料などの検討

②建築および他設備との工程の調整

③現場状況、電力・電話などの引込みなどの事前調査

④仮設設備*について、建築業者との打合せ

⑤適用法規の検討と必要な申請・届などの時期

⑥工期および原価に応じた資材・労務の手配

⑦安全管理体制を含めた現場組織

＊仮設設備：工事施工に必要な仮設備で、資材機器置場、作業
　員詰所、仮宿舎、仮設水道、電力、照明、足場、安全保安装
　置などが該当する。

2. 施工計画書の内容

施工計画書は発注者側の監督員に提出するもので、内容は下表のとおりである。

①建築・電気設備の概要	⑨搬入・揚重計画
②仮設計画	⑩安全衛生管理計画
③現場組織表	
④総合工程表	
⑤主要メーカリスト	
⑥主要下請工事業者リスト	
⑦施工図作成予定表	
⑧官公庁申請・届提出予定表	

（注意） 施工計画書作成時に工事実施予算書も作成する。予算計画は、請負者が原価管理の資料として自主的に作成するものである。

> ◎施工計画書は、工事全般について記載し、**請負者の責任**
> **において作成するもので、設計図書に特記された事項に**
> **ついては監督員の承諾を受けなければならない。**

[問題1] 着工時の施工計画を検討する場合の留意事項として、最も重要度が低いものはどれか。

(1) 塩害などの環境条件を確認する。
(2) 現場説明書および質問回答書を確認する。
(3) 図面に記載された新工法や特殊な工法を調査する。
(4) 建築業者、機械設備業者等との施工上の詳細取合いを検討する。

[問題2] 公共建築工事の施工計画書作成に関する記述として、不適当なものはどれか。

(1) 現場説明書に対する質問回答書の内容を確認し、作成した。
(2) 特記仕様書と公共建築工事標準仕様書が相違していたので、標準仕様書を優先して作成した。
(3) 現場説明書に記載された仮設物の仮設計画を作成した。
(4) 一工程の施工の確認を行う段階および施工の具体的な計画を工種別に定めた。

[問題3] 新築工事の着手に先立ち、工事の総合的な計画をまとめた施工計画書に記載するものとして、最も関係のないものはどれか。

(1) 現場施工体制表　　(2) 総合工程表
(3) 機器承諾図　　(4) 官公庁届出書類一覧

解答・解説

[問題1]
施工計画段階では、建築業者、機械設備業者等との施工上の詳細取合いの検討はできない。他業者との施工上の詳細取合いの検討は、着工後の施工図や施工要領書の作成段階で行う。
答 (4)

[問題2]
特記仕様書と公共建築工事標準仕様書が相違していたときには、特記仕様書を優先して作成しなければならない。　**答 (2)**

[問題3]
機器承諾図は、施工計画書の記載事項ではない。　　**答 (3)**

😈 POINT 😈

仮設計画の概要と施工図・施工要領書についてマスターしておく。

1. 仮設計画

仮設計画は、工事の施工に必要な、「**現場事務所、倉庫、作業所、水道、電力、電話、揚重施設、予想される災害や公害の対策、出入口の管理、緊急時の連絡、火災や盗難予防対策など**」をどのように設定し、工事期間中にどのように管理していくかを計画することである。

2. 仮設計画の留意点

①仮設計画の良否は、工程その他の計画に影響を与え、工事の工程品質に影響するので、工事規模に合った適正な計画とする。

②仮設計画は安全の基本となるので、労働災害の発生の防止に努め、労働安全衛生法、電気事業法、消防法、その他関係法令を遵守し立案する。

1級 3. 施工図・施工要領書

施工図の作成

①設計図書を確認し、設計意図を表現できるようにする。

②建築施工図、他設備の施工図を調べ問題点の調整をする。

③工事工程に合わせ、材料手配が十分に間に合うよう早期に作成する。

④作業者が見てわかりやすい表現とする。

施工要領書の作成

工事施工前に、次の点に留意して作成する。

①品質の向上を図り、安全かつ経済的施工方法を考慮する。

②施工技術に関わる標準化、簡略化、省力化のため、**個々の現場に応じたもの**とする。

③**施工図を補完するための資料**で、個々の現場ごとの特別な条件や設計図書に明記されていない施工上必要な事項など、部分詳細図、図表を主体にわかりやすく記載する（施工ミスの防止に役立ち**作業員への教育にも使える**）。

④施工要領書は、**監督員の承諾が必要**である。

問題1 仮設計画に関する記述として、最も不適当なものはどれか。

(1) 仮設計画は、安全の基本となるもので、関係法令を遵守して立案しなければならない。

(2) 仮設計画の良否は、工程やその他の計画に影響をおよぼし、工事の品質に影響を与える。

(3) 仮設計画は、すべて発注者が計画し、設計図書に定めなければならない。

(4) 仮設計画には、盗難防止に関する計画が含まれる。

1級 問題2 [5択] 仮設計画に関する記述として、最も不適当なものはどれか。

(1) 電圧100Vの仮設配線は、使用期間が1年6箇月なので、ビニルケーブル（VVF）をコンクリート内に直接埋設する計画とした。

(2) 工事用電気設備の建築内幹線は、工事の進捗に伴う移設や切回しなどの支障の少ない場所で立ち上げる計画とした。

(3) 工事用として出力10kWの可搬型ディーゼル発電機を使用するので、電気主任技術者を選任する計画とした。

(4) 仮囲いのゲート付近は、通行人・交通量が多いため交通誘導警備員を配置する計画とした。

(5) 仮設の低圧ケーブル配線が通路床上を横断するので、防護装置を設ける計画とした。

1級 問題3 施工要領書の作成における留意事項として、最も不適当なものはどれか。

(1) 工事施工前に作成する。

(2) 他の現場において共通に利用できるように作成する。

(3) 施工方法は、できるだけ部分詳細図、図表などを用いて、わかりやすく記載する。

(4) 図面には、寸法、材料名称、材質などを記載する。

問題4 施工要領書に関する記述として、最も不適当なものはどれか。

(1) 設計図書に明示のない部分を具体化する。

(2) 施工の具体的手順を省き、出来上り状態を記載する。

(3) 数種類の標準的な施工方法がある場合、現場に適したものを選択し記載する。

(4) 施工図を補完する資料として活用する。

問題5 [5択] 施工要領書に関する記述として、最も不適当なものはどれか。

(1) 施工図を補完する資料として活用できる。

(2) 原則として、工事の種別ごとに作成する。

(3) 施工品質の均一化および向上を図ることができる。

(4) 他の現場においても共通に利用できるようにする。

(5) 図面には、寸法、材料名称などを記載する。

問題6 [5択] 施工要領書に関する記述として、最も不適当なものはどれか。

(1) 内容を作業員に周知徹底しなければならない。

(2) 部分詳細や図表などを用いてわかりやすいものとする。

(3) 施工図を補完する資料なので、設計者、工事監督員の承諾を必要としない。

(4) 一工程の施工の着手前に、総合施工計画書に基づいて作成する。

(5) 初心者の技術・技能の習得に利用できる。

問題7 大型機器の屋上への搬入計画を立案する場合の確認事項として、最も関係のないものはどれか。

(1) 搬入時期および搬入順序

(2) 搬入経路と作業区画場所

(3) 揚重機の選定と作業に必要な資格

(4) 搬入業者の作業員名簿

解答・解説

問題1

仮設計画は、請負者がその責任において計画（任意仮設）しなければならない。ただし、大規模で重要なものについては**指定仮設**とし**発注者が指定**する。　　　　　　　　**答(3)**

問題2

使用電圧300V以下の屋内配線であって、その設置の工事が完了した日から**1年以内**に限り使用するものは、コンクリート内に直接埋設できる。　　　　　　　　　　　　**答(1)**

問題3

施工要領書は、**個々の現場に応じたもの**とする。　　**答(2)**

問題4

・施工要領書は、施工計画書を受けて専門業者が実際にどのように作業するのかを記入したものである。

・施工要領書には、**施工手順や出来上り状態を記載**する。
　　　　　　　　　　　　　　　　　　　　　　　　答(2)

問題5

建設工事は受注生産で、個々の現場ごとにそれぞれ異なった特徴があり、それぞれの現場に見合った施工要領書を作成しなければならない。　　　　　　　　　　　　　　　**答(4)**

問題6

施工要領書は、設計者、工事監督員の承諾を必要とする。
　　　　　　　　　　　　　　　　　　　　　　　　答(3)

問題7

搬入業者の作業員名簿は、搬入計画を立案する場合の確認事項とは関係ない。　　　　　　　　　　　　　　　**答(4)**

☻ POINT ☻

工事の着手に先立ち、法令に定められた届出・申請などについて太字部分を中心にマスターしておく。

1. 主な届出・申請・報告

工事の着手に先立ち必要な届出・申請と、工事中に発生したトラブルなどに対する報告について、名称と届出先などを整理すると下表のようになる。とくに、**太字**は確実に覚えておかなければならない。

区分	届出・申請・報告名称	届出・申請・報告先
道路	**道路占用許可申請**	**道路管理者**
	道路使用許可申請	**警察署長**
建築	**建築確認申請**	**建築主事または指定確認検査機関**
	高層建築物等予定工事届	総務大臣
消防	**消防用設備等設置届**	**消防長または消防署長**
電気	**電気工作物の保安規程の届出**	**経済産業大臣または産業保安監督部長**
公害	ばい煙発生施設の設置届出	都道府県知事または市長
	騒音・振動特定施設の設置届出	市町村長
航空	航空障害灯および昼間障害標識設置届	地方航空局長
労働	適用事業報告	所轄労働基準監督署長
	労働者死傷病報告	**所轄労働基準監督署長**

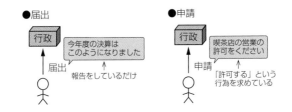

●届出

行政　今年度の決算はこのようになりました

届出　報告をしているだけ

●申請

行政　喫茶店の営業の許可をください

申請　「許可する」という行為を求めている

問題1 法令に基づく届出書、設置届、申請書、報告と届出先、提出先の組合せとして、誤っているものはどれか。

	届出書、設置届、申請書、報告	届出先、提出先
(1)	消防法に基づく消防設備等着工届出書	消防長または消防署長
(2)	航空法に基づく航空障害灯および昼間障害標識設置届	地方航空局長
(3)	道路交通法に基づく道路使用許可申請書	道路管理者
(4)	労働基準法に基づく適用事業報告	労働基準監督署長

問題2 法令に基づく申請書類と提出時期の組合せとして、不適当なものはどれか。

(1) 電気事業法に基づく「工事計画（変更）届出書」
—— 着工 30 日前まで
(2) 労働基準法に基づく「適用事業報告」
—— 適用事業場になったとき遅滞なく
(3) 航空法に基づく「航空障害灯の設置について（届出）」
—— 着工前
(4) 消防法に基づく「工事整備対象設備等着工届出書」
—— 着工 10 日前まで

解答・解説

問題1

道路使用許可申請書の申請先は、**警察署長**である。
道路占用許可申請書の申請先は、**道路管理者**である。紛らわしいので注意が必要である。　　　　　　　　　　　**答　(3)**

問題2

航空法に基づく「**航空障害灯の設置届**」の提出期限は工事完成時である。　　　　　　　　　　　　　　　　　　　　　**答　(3)**

参考：その他の届出・申請先
- 高圧ガス製造許可申請→都道府県知事
- 危険物貯蔵所設置許可申請→都道府県知事または市長村長
- ボイラー設置届→労働基準監督署長

☺ POINT ☺

工程管理の意義と工程計画立案についてマスターしておく。

1. 工程管理の意義

　工程管理は、単なる**工事の時間的な管理**だけではない。このため、検討段階では、施工方法、資材の発注や搬入、労務手配、安全の確保など、**施工全般についての判断と経済性の面も考慮**した管理としなければならない。

2. 工程計画立案の手順

　現場調査結果に基づいて着工から完成引渡しに至るまでの範囲を対象とした全体工程表・総合工程表をもとに、月間工程表や週間工程表を作成する。作成手順は、次のとおりである。

①工事を**単位作業に分割**する。

②**施工順序を組み立てる**。

③単位作業の**所要時間**を見積る。

④工期内に納まるように修正して**工程表**を作成する。

3. 工程計画立案時の留意事項

　工程計画立案時には、以下の点に留意しておかなければならない。

①建築工程や他設備工程との調整

②受電日など節目となる日の決定

③外注する主要機器の納期

④1日平均作業量の算定と作業可能日数の把握

⑤毎日の作業員の人数の平均化

⑥品質やコストの考慮

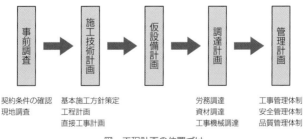

図　工程計画の位置づけ

問題1 工程管理の一般的な手順として、適当なものはどれか。ただし、イ～ニは手順の内容を示す。

イ　作業の実施
ロ　工程計画の是正処置
ハ　月間・週間工程の計画
ニ　計画した工程と進捗との比較検討

(1) イ→ロ→ニ→ハ
(2) イ→ハ→ニ→ロ
(3) ハ→イ→ニ→ロ
(4) ハ→ロ→イ→ニ

問題2 工程管理に関する記述として、最も不適当なものはどれか。

(1) 常にクリティカルな工程を把握し、重点的に管理する。
(2) 屋外工事の工程は、天候不順などを考慮して余裕をもたせる。
(3) 工程が変更になった場合には、速やかに作業員や関係者に周知徹底を行う。
(4) 作業改善による工程短縮の効果を予測するには、ツールボックスミーティングが有効である。

解答・解説

問題1

工程管理の一般的な手順は、PDCA（計画→実施→検討→処置）の順で、次のとおりである。

ハ　月間・週間工程の計画
→イ　作業の実施
→ニ　計画した工程と進捗との比較検討
→ロ　工程計画の是正処置

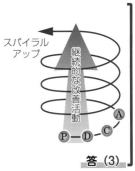

スパイラルアップ
継続的な改善活動

答 (3)

問題2

ツールボックスミーティング（TBM）や危険予知訓練（KYK）は安全管理に関する活動である。　　　**答 (4)**

☻ POINT ☻

施工速度と原価・品質の関係をマスターしておく。

1級 1. 採算速度

施工の原価には固定原価と変動原価がある。

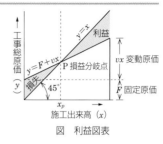

図　利益図表

☆**固定原価**：現場事務所の経費など施工量に関わらず固定的にかかるもの。

☆**変動原価**：材料費や労務費など施工量に比例するもの。

図のPは**損益分岐点**で、損益分岐点の施工出来高以上の施工出来高をあげるときの施工速度を**採算速度**という。

工事総原価をできる限り小さくし利益を大きくするためには、固定原価を最小限にするとともに、変動比率 v を極力小さくする必要がある。

1級 2. 経済速度

施工でかかる工事費用には直接費と間接費がある。

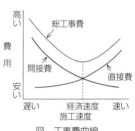

図　工事費曲線

☆**直接費**：材料費や労務費などで、工期を短縮すると残業や応援の費用がかさむ**突貫工事**となり、**高く**なる。

☆**間接費**：現場職員の給料などの経費で、工期を短縮すると低くなる。

総工事費は、**直接費と間接費の合計**で、最も安くなる施工速度を**経済速度**という。

施工速度が早まり経済速度を超えると、品質や安全性の低下につながりやすくなる。

1級 3. 突貫工事

突貫工事をすると、無理を生じるため**原価が急増する**が、これは次のような理由によるものである。

①残業割増や深夜手当てなど、賃金が通常以上に高くつく。

②消耗材料の使用量が施工量に対して急増する。

③材料手配が間に合わないと、手待ちの発生や高価な材料の購入を招く。

1級 　**問題1**　図に示す利益図表において、イ〜ハに当てはまる語句の組合せとして、適当なものはどれか。

	イ	ロ	ハ
(1)	利益	損失	固定原価
(2)	損失	利益	固定原価
(3)	利益	損失	変動原価
(4)	損失	利益	変動原価

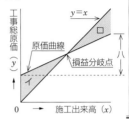

1級 　**問題2**　図に示す施工速度と費用の関係において、イ〜ハに当てはまる語句の組合せとして、適当なものはどれか。

	イ	ロ	ハ
(1)	間接費	直接費	採算速度
(2)	間接費	直接費	経済速度
(3)	直接費	間接費	採算速度
(4)	直接費	間接費	経済速度

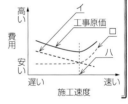

解答・解説

問題1

イは損失、ロは利益、ハは変動原価である。　　　**答 (4)**

問題2

①工事費用は、**直接費**と**間接費**に分けられる。

②イは**間接費**で施工速度を遅くすると高くなる。

③ロは**直接費**で施工速度を速くすると高くなる。

④ハは**経済速度**で直接費と間接費を合わせた費用が最小となる。　　　**答 (2)**

☃ POINT ☃

工程・原価・品質の三者の相互関係と予定進度曲線をマスターしておく。

1. 工程・原価・品質の相互関係

工程・原価・品質の関係は、図のようになる。

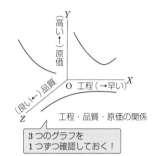

①原価と工程は凹形の曲線関係となり、工事の施工の速さ（施工速度）を上手く選ぶと原価は最小になる。

経済速度
＝原価が最小になる施工速度

②品質を良くするには、時間をかけることになり、逆に原価は高くなる。

工程・品質・原価の関係

3つのグラフを
1つずつ確認しておく！

2. 予定進度曲線

工期と出来高の関係を表すもので、**最初と最後は準備と後始末で、出来高が上がらないため、S字形となることからSカーブとも呼ばれている。出来高は、工程の中間期で直線的に上がる。**

実際の工程管理では、これに管理幅を持たせ上方許容限界曲線と下方許容限界曲線を描いたバナナ曲線を用いる。

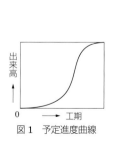

図1　予定進度曲線

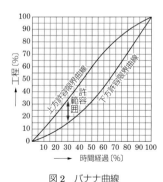

図2　バナナ曲線

問題1 下図は施工管理における工程・原価・品質の一般的関係を示したものであるが、次の記述のうち、適当でないものはどれか。

(1) 一般に工程の施工速度を極端に速めると、単位施工量当たりの原価は安くなる。

(2) 一般に工程の施工速度を遅らせて施工量を少なくすると、単位施工量当たりの原価は高くなる。

(3) 一般に品質をよくすれば、原価は高くなる。

(4) 一般に品質のよいものを得ようとすると、工程は遅くなる。

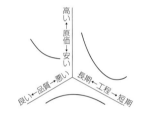

問題2 予定進度曲線（Sカーブ）を用いた工程管理に関する次の記述のうち適当でないものはどれか。

(1) 標準的な工事の進捗度は、工期の初期と後期では早く、中間では遅くなる。

(2) 予定進度曲線は、労働力等の平均施工速度を基礎として作成される。

(3) 実績累積値が計画累積値の下側にある場合は、工程に遅れが生じている。

(4) 実施進捗度を管理するため、上方許容限界曲線と下方許容限界曲線を設ける。

解答・解説

問題1
一般に工程の施工速度を極端に速めると、単位施工量当たりの原価は高くなる。　　　　　　　　　　　　**答 (1)**

問題2
標準的な工事の進捗度は、工期の初期と後期では遅く、中間では早くなり、**S字形**となる。　　　　　　　**答 (1)**

工程管理4 工程表の種類

☺ POINT ☺

工程管理には工程表が必須である。ここでは、とくに3つの工程表の特徴をマスターしておく。

1. 工程表の種類

代表的な工程表は、下記の3種類である。

①ガントチャート	
・**横線式工程表**で、**縦軸に作業名、横軸に達成度〔%〕を示した**ものである。 ・個別作業の進捗度は判明するが、**工期や作業日数、作業の相互関係は不明**である。	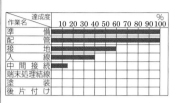
②バーチャート	
・**横線式工程表**で、**縦軸に作業名、横軸に暦日（年月日）を示した**ものである。 ・計画と実績の比較が容易である。 ・作表が容易で作業日数は明確であるが、**作業の相互関係や進度は漠然としかわからない**。 ・**Sカーブを付加した**タイプのものは、これらがある程度改善される。	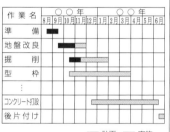
③ネットワーク工程表	
・作業名（A～G）や日数（作業名の下の数字）を記入し、作業順序に組み立てたものである。 ・**作業の相互関係がよくわかり、進度管理も確実に行える**ことから、大規模工事や輻輳した工程の管理に使用される。	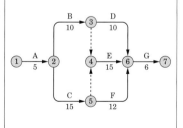

2. 工程表の比較

工程表を比較すると、下表のようになる。ネットワーク工程表は、作成に知識と熟練を要するものの、進度管理の優秀さから大規模工事や工程の輻輳した管理に使用される。

比 較 項 目	ガントチャート	バーチャート	ネットワーク工程表
①作成の難易度	○	○	×
②作業の手順	×	△	○
③作業の所要日数	×	○	○
④作業の進行状況	○	○	○
⑤工程に影響する作業	×	×	○

〔注〕○：判明（容易）、△：少し判明（少し困難）、×：不明（困難）

問題1 図に示す工程管理に用いる図表の名称として、適当なものはどれか。

(1) ガントチャート工程表
(2) バーチャート工程表
(3) QC 工程表
(4) タクト工程表

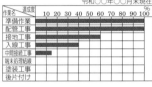

令和○○年○○月末現在

作業名	達成度	10 20 30 40 50 60 70 80 90 100 %
準備作業		
配管工事		
接地工事		
入線工事		
中間接続工事		
端末処理結線		
塗装工事		
後片付け		

問題2 図に示す工程管理に用いる工程表の名称として、適当なものはどれか。

作業名 \ 月日	4月	5月	6月	7月	8月	9月	備考
	10 20 30	10 20 31	10 20 30	10 20 31	10 20 31	10 20 30	
準　　備							
配　　管							
配　　線							
機 器 据 付							
盤 類 取 付							
照明器具据付							
弱電機器取付							
受 電 設 備							
試運転・調整							
検　　査							

(1) タクト工程表
(2) バーチャート工程表
(3) ガントチャート工程表
(4) ネットワーク工程表

問題3 図に示すタクト工程表の特徴に関する記述として、最も不適当なものはどれか。

○○ビル新築電気設備工事工程表									工期	年　月　日 年　月　日	作成日	年　月　日 年　月　日	
	12月	1月	2月	3月	4月	5月	6月	7月	8月	9月	10月	11月	12月
RF								動力配管			通線		
5F													
4F													
3F													
2F													
1F	コンクリート 埋設配管				天井内配管・通線		機器取付			幹線	動力通線		竣工
B1F	準備 CON打ち				EPS配管		幹線・ 動力配管	電気室組立		調整			
備考	接地極埋設							重量機器 搬入		受電			

(1) 全体工程表の作成に多く用いられる。
(2) 出来高の管理が容易である。
(3) 繰り返し工程の工程管理に適している。
(4) 工期の遅れなどの状況の把握が容易である。

問題4 工程表に関する記述として、最も不適当なものはどれか。

(1) バーチャート工程表は、横軸に暦日目盛をとる。
(2) バーチャート工程表は、他の作業との関係が表現しにくい。
(3) ガントチャート工程表は、工期に影響を与える作業がどれであるかがよくわかる。
(4) ガントチャート工程表は、各作業の進行度合いが現時点において何%の達成度であるかがよくわかる。

問題5 [5択] 建設工事に工程管理で採用する工程表に関する記述として、最も不適当なものはどれか。

(1) ある時点における各作業ごとの進捗状況が把握しやすい、ガントチャートを採用した。

(2) 各作業の完了時点を横軸で100%としている、ガントチャート工程法を採用した。

(3) 各作業の手順が把握しやすい、バーチャート工程表を採用した。

(4) 各作業の所要日数が把握しやすい、バーチャート工程表を採用した。

(5) 工事全体のクリティカルパスが把握しやすい、バーチャート工程表を採用した。

問題6 [5択] 建設工事において工程管理を行う場合、バーチャート工程表と比較した、ネットワーク工程表の特徴に関する記述として、最も不適当なものはどれか。

(1) 各作業の関連性を明確にするため、ネットワーク工程表を用いた。

(2) 計画出来高と実績出来高の比較を容易にするため、ネットワーク工程表を用いた。

(3) 各作業の余裕日数が容易にわかる、ネットワーク工程表を用いた。

(4) 重点的工程管理をすべき作業が容易にわかる、ネットワーク工程表を用いた。

(5) どの時点からもその後の工程が計算しやすい、ネットワーク工程表を用いた。

問題7 バーチャート工程表と比較した、アロー形ネットワーク工程表の特徴に関する記述として、最も不適当なものはどれか。

(1) 計画と実績の比較が容易である。

(2) 各作業の余裕時間が容易にわかる。

(3) 各作業との関連性が明確で理解しやすい。

(4) クリティカルパスにより、重点的工程管理ができる。

問題8 [5択] 図に示すバーチャート工程表および進度曲線に関する記述として、最も不適当なものはどれか。

月日	4月	5月	6月	7月	8月	9月	出来高
作業名	10 20 30	10 20 30	10 20 30	10 20 30	10 20 30	10 20 30	%
準 備 作 業							100
配 管 工 事							90
配 線 工 事							80
機器据付工事							70
盤類取付工事							60
照明器具取付工事							50
弱電機器取付工事							40
受電設備工事							30
試運転・検査							20
あと片付け							10

□ 予定　　　　……… 予定進度曲線
■ 実施　　　　―●― 実施進度曲線

(1) 6月末における全体の施工出来高は、約60%である。
(2) 6月末の時点では、予定出来高に対して実施出来高が上回っている。
(3) 7月は、盤類取付工事の施工期間が、他の作業よりも長くなっている。
(4) 7月末での配線工事の施工期間は、50%を超える予定である。
(5) 受電設備工事は、盤類取付工事の後に予定している。

解答・解説

問題1
①縦軸に作業名、横軸に達成度〔%〕を示しているので、ガントチャートである。
②ガントチャートは、作業前後の関係が不明であるため、全体工期に影響を与える作業がわからない。　　　　　　　答 (1)

問題2
・縦軸に作業内容、横軸に暦日（年月日）が示されているのでバーチャート工程表である。
・タクト工程表は、縦軸を階層、横軸を暦日とし、同種の作業を複数工区や複数階で繰り返し実施する場合の工程管理に適したもので、フローチャートを階段状に積み上げた工程表である。　　　　　　　　　　　　　　　　　答 (2)

〈問題3〉

タクト工程表は、縦軸を階層、横軸を暦日とし、同種の作業を複数の工区や階で繰り返し実施する場合の工程管理に適しており、システム化されたフローチャートを階段状に積み上げた工程表である。タクト工程表には出来高の情報がないので、出来高の管理はできない。 **答 (2)**

〈問題4〉

ガントチャート工程表は、日付がないため工期に対する影響が把握できない。 **答 (3)**

〈問題5〉

バーチャート工程表では、クリティカルパス（最長経路）の把握はできない。工事全体のクリティカルパスが把握できるのはネットワーク工程表である。 **答 (5)**

〈問題6〉

計画出来高と実績出来高の比較を容易にするのは、Sカーブを記入したタイプのバーチャート工程表である。 **答 (2)**

〈問題7〉

バーチャート工程表は、計画（□）と実績（■）がバーで表されているので、視覚的に容易に計画と実績が比較できる。 **答 (1)**

〈問題8〉

7月は、盤類取付工事が約25日間、配線工事が1月間であり、配線工事の方が盤取付工事の施工期間より長くなっている。 **答 (3)**

😀 POINT 😀

ネットワーク工程表の作成の基本ルールをマスターする。

1. 基本用語

①**イベント（結合点）** 作業の開始点と完了点を表し、○で表して中に若番から老番の順に番号をつける。	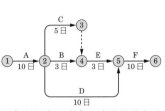
②**アクティビティ（作業）** 作業の流れを矢線（→）で表し、上に作業名、下に作業日数を記入する。	
③**ダミー** 作業の前後関係のみを示す架空の作業で、┈┈► で表し、作業・時間要素は含まない。	＊左から右の方向に時間経過を示す！

2. ネットワーク工程表の作成ルール

①先行作業と後続作業の関係	
先行作業 A と B が完了しないと、後続作業 C は開始できない。	作業 C は作業 A が完了すれば開始できるが、作業 D は作業 A と作業 B が完了しなければ開始できない。
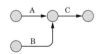	

②ダミー

作業の前後関係のみを示す架空の作業で、┈┈► で表し、作業・時間要素は含まない。

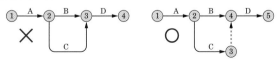

3. ネットワークを用いた日程計算

ネットワーク工程表の作成の中で、計算を伴うものに日程計算があり、右図をモデルとして、日程計算を行う。

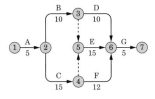

最早開始時刻（EST）の計算（前向き計算）

(1) **左から右に向かって足し算し、イベントの傍の○内にその結果を記入する。**

［例］イベント②の部分：

⓪ + 5 = ⑤

（5 は作業 A の所要日数）

イベント⑤の部分：ぶつかるときは、計算結果の大きい方の⑳を記入する。

イベント⑥の部分：ぶつかるときは、計算結果の大きい方の㉟を記入する。

(2) **所要工期を求める。**

［例］計算結果㊵は、**所要工期 40 日**を表している。

最遅終了時刻（LFT）の計算（後向き計算）

(1) **右から左に向かって引き算し、イベントの傍の□内にその結果を記入する。**

一番右は、最早開始時刻の計算値と同じ値で㊵と記す。

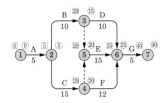

［例］イベント⑥の部分：

㊵ − 5 = ㉟

（5 は作業 G の所要日数）

イベント⑤の部分：

㉟ − 15 = ⑳

イベント③の部分：ぶつかるときは、計算結果の小さい方の⑳を記入する。

(2) **イベント①の計算結果は必ず⓪となる。**

クリティカルパスの記入

(1) **最早開始時刻と最遅終了時刻が等しい経路は、各作業に**

全く余裕がなく、**最長経路（クリティカルパス）**という。

（2）クリティカルパスは**色太線**で表す。

① → ② → ④ ┄┄┄┄ → ⑤ → ⑥ → ⑦

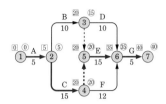

問題1 アロー形ネットワーク工程表に関する記述として、不適当なものはどれか。

（1）矢線は作業を示し、その長さは作業に要する時間を表す。

（2）イベントに入ってくる矢線がすべて完了した後でないと、出る矢線は開始できない。

（3）1つのイベントから出て次の1つのイベントに入る矢線の数は、1本でなければならない。

（4）ダミーは作業の相互関係を点線の矢線で表し、作業および時間の要素は含まない。

問題2 アロー形ネットワーク工程表に関する記述として、不適当なものはどれか。

（1）同じイベント番号は、同一ネットワークにおいて2つ以上使ってはならない。

（2）終了のイベントは、同一ネットワークにおいて2つ以上になることがある。

（3）最早完了時刻は、最早開始時刻にその作業の所要時間を加えたものである。

（4）トータルフロートは、作業を最早開始時刻で始め、最遅完了時刻で完了する場合にできる余裕時間である。

問題3 アロー形ネットワーク工程表のクリティカルパスに関する記述として、不適当なものはどれか。

(1) クリティカルパス上では、各イベントの最早開始時刻と最遅完了時刻は等しくなる。

(2) 工程の短縮を検討するときは、最初にクリティカルパス以外の経路とフロートに注目する。

(3) クリティカルパス以外の経路でも、フロートをすべて使用してしまうとクリティカルパスになる。

(4) クリティカルパスでなくともフロートの非常に小さいものは、クリティカルパスと同様に重点管理する。

問題4 アロー形ネットワーク工程表に関する記述として、不適当なものはどれか。

(1) アクティビティは、作業活動、材料入手など時間を必要とする諸活動を示す。

(2) イベントに入ってくる先行作業がすべて完了していなくても、後続作業は開始できる。

(3) アクティビティが最も早く開始できる時刻を、最早開始時刻という。

(4) デュレーションは、作業や工事に要する時間のことであり矢線の下に書く。

問題5 [5択] 図に示すネットワーク工程表の各作業に関する記述として、不適当なものはどれか。

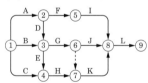

(1) 作業Bが終了していなくても、作業Aが終了すると、作業Fが開始できる。

(2) 作業Cと作業Eが終了すると、作業Hが開始できる。

(3) 作業Gが終了すると、作業Jが開始できる。

(4) 作業Gが終了していなくても、作業Hが終了すると、作業Kが開始できる。

(5) 作業Iと作業Jと作業Kが終了すると、作業Lが開始できる。

問題6 [5択] 図に示すネットワーク工程表の所要工期（クリティカルパス）として、正しいものはどれか。

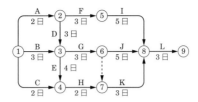

(1) 10 日　　(2) 12 日　　(3) 14 日
(4) 17 日　　(5) 19 日

問題7 [5択] 図に示すネットワーク工程表の所要工期（クリティカルパス）として、正しいものはどれか。

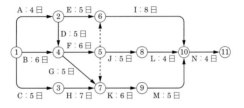

(1) 21 日　　(2) 24 日　　(3) 26 日
(4) 28 日　　(5) 30 日

問題8 アロー形ネットワーク工程表に関する記述として、最も不適当なものはどれか。

(1) フリーフロートとは、作業を最早開始時刻で始め、後続する作業を最早開始時刻で始めてもなお存在する余裕時間をいう。

(2) トータルフロートとは、作業を最早開始時刻で始め、最早完了時刻で完了する場合にできる余裕時間をいう。

(3) フリーフロートは、トータルフロートと等しいかまたは小さい。

(4) トータルフロートがゼロである作業経路をクリティカルパスという。

1級 問題9 アロー形ネットワーク工程表を用いて工程を短縮する際に留意する事項として、最も不適当なものはどれか。

(1) 各作業の所要日数を検討せずに、全体の作業日数を短縮してはならない。

(2) 直列になっている作業を並列作業に変更してはならない。

(3) 機械の増加が可能であっても、増加限度を超えてはならない。

(4) 品質および安全性を考慮せずに、作業日数を短縮してはならない。

解答・解説

問題1

矢線の長さは、作業に要する時間とは無関係である。

答 (1)

問題2

・ネットワーク工程表では、開始と終了のイベントは、同一ネットワークでは必ず1つとならなければならない。

・ネットワーク工程表は、各作業の関連性が明確で、工事の進捗・遅延がわかり、クリティカルパスに注目することで重点的な工程管理ができる。

・ネットワーク工程表では余裕計算【最大余裕（TF：トータルフロート）、自由余裕（FF：フリーフロート）、影響余裕（DF：ディペンデントフロート）】を行うことができる。

答 (2)

問題3

工程の短縮を検討するときは、最初にクリティカルパスに注目する。

(参考) クリティカルパスの性質

①クリティカルパスは、必ずしも1つではない。

②クリティカルパス上の作業のフロート（余裕時間）は0である。

③クリティカルパス以外の作業でも、フロート（余裕時間）を消化してしまうとクリティカルパスになってしまうことがある。

答 (2)

◆問題④

イベントに入ってくる先行作業がすべて完了していなければ、後続作業は開始できない。

答 (2)

◆問題⑤

ダミー（----➤）に注意する必要があり、「**作業Gと作業Hが終了すると、作業Kが開始できる。**」が正しい記述である。

答 (4)

◆問題⑥

最早開始時刻の計算は、たし算でよく、ぶつかる場合には大きい数値を採択する。結果は、下図の各イベントの右上の丸内の数値になり、イベント⑨の部分の最早開始時刻を読み取ると17日である。

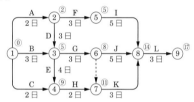

答 (4)

◆問題⑦

最早開始時刻を計算（たし算してぶつかったときは、大きい方の数値を採択）すると下図の各イベントの右肩の丸数字の値となる。したがって、所要工期は30日である。なお、色太線のルートがクリティカルパス（最長経路）である。

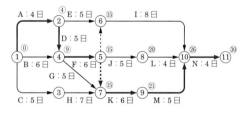

答 (5)

〔問題8〕

①トータルフロート（**最大余裕：TF**）は、作業を最早開始時刻で始め、最遅終了時刻で完了する場合にできる余裕時間である。

②フリーフロート（**自由余裕：FF**）は、作業を最早開始時刻で始め、後続する作業を最早開始時刻で始めてもなお存在する余裕時間である。

③フリーフロートは、その作業のトータルフロートと等しいか小さい。

> フリーフロート（**FF**）≦トータルフロート（**TF**）

答 (2)

〔問題9〕

直列になっている作業を並列作業に変更することで、工程の短縮につながる。　　　　　　　　　　　　　　　　　　　**答 (2)**

☺ POINT ☺

品質管理の定義とデミングサイクルおよび品質管理の効果についてマスターしておく。

1. 品質管理とは？

日本産業規格（JIS）では、品質管理とは、「買い手の要求に合った品質の品物またはサービスを経済的に作り出すための手段の体系」で、略称は QC（Quality Control）である。

2. 品質管理の効果的な実施

品質管理を効果的に実施するには、**市場調査→研究・開発→製品企画→設計→生産準備→購買・外注→製造→検査→販売→アフターサービス**の全段階にわたって企業全員の参加と協力が必要である。

3. デミングサイクルは PDCA

デミングサイクルは、次の PDCA の 4 つの段階を経て、さらに新たな計画に至るプロセスにつなげる繰返しサイクルである。

計画（**Plan**）→実施（**Do**）→検討（**Check**）→処置（**Action**）

図 デミングサイクル

4. 品質管理の効果

工事の全段階にわたって品質管理を取り入れると、次の効果がある。

①品質向上により、不良品の発生やクレームが減少する。

②品質が均一化され、信頼性が向上する。

③無駄な作業や手直しがなくなり、コストが下がる。

④新しい問題点や改善方法が発見できる。

⑤検査の手数を大幅に減少できる。

問題1 施工管理の一般的な手順として、次のうち適当なものはどれか。

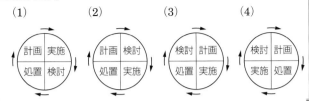

(1)   (2)   (3)   (4)

問題2 品質管理の手順として、適当なものはどれか。

ただし、①作業標準を決め、それに従って実施させる。

      ②データを取りチェックする。

      ③品質標準を決める。

      ④異常が発見されたら、処置をとる。

(1) ①→②→④→③

(2) ③→①→②→④

(3) ①→③→④→②

(4) ③→②→①→④

解答・解説

問題1

デミングサイクルは、PDCA の 4 つの段階を経て、さらに新たな計画に至るプロセスにつなげる繰返しサイクルである。

計画（Plan）→実施（Do）→検討（Check）→処置（Action）

答 **(1)**

問題2

それぞれを PDCA で表すと、次のようになる。

①作業標準を決め、それに従って**実施**させる。（D）

②データを取り**チェック**する。（C）

③**品質標準を決める**。（P）

④異常が発見されたら、**処置**をとる。（A）

したがって、PDCA に並び替えると、③ P →① D →② C →④ A となる。

答 **(2)**

☺ POINT ☺

品質管理（Quality Control）において、主に統計データを元に分析に利用される QC 7 つ道具をマスターする。

1. QC 7 つ道具

QC 7 つ道具は、下表のとおりである。

名　称	表現方法	特　徴
ヒストグラム	規格の下限／規格の上限／度数／品質特性	**柱状図**とも呼ばれ、データのバラツキの分布状態から**工程の問題点を推察**できる。
パレート図	件数／不良内容	不良件数の多いものから順に並べ棒グラフにすると同時に累積%を表示することで、**品質不良の重点対策方針を設定**できる。
特性要因図	要因／要因／特性／要因	形から**魚の骨**とも呼ばれ、特性（結果）と要因（原因）の関係を系統的に図解することで、**原因追及が容易**になる。
管理図	特性値／上方管理限界線／中心線／下方管理限界線／試料 No	連続した観測値や群の統計量を時間順やサンプル順に打点したもので、**工程の異常発生を未然に防ぐ**ことができる。工程が管理状態にあれば、点の並び方や周期にクセがない。
散布図	特性値 Y／特性値 X	2 つの変数の観測値をプロットしたもので、**相互関係が存在するかどうか**がわかる。
チェックシート	品名／検査日／品番／検査員／検査項目／計／キズ　3／汚れ　2／印刷不良　5／計　10／検査数 1,000　不良率 1.0%	チェックするだけの作業で、必要なデータが集められ、**重大なミスを防止**できる。
層　別	データ群を層別にすることで、**特徴が現れてくる**。	

問題1 図に示す品質管理に用いる図表の名称として、適当なものはどれか。

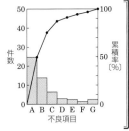

(1) 管理図
(2) 特性要因図
(3) パレート図
(4) ヒストグラム

問題2 [5択] 図に示す電気工事におけるパレート図において、品質管理に関する記述として、最も不適当なものはどれか。

(1) 不良件数の多さの順位がわかりやすい。
(2) 工事全体の不良件数は、約50件である。
(3) 配管等支持不良の件数が、工事全体の不良件数の半数を占めている。
(4) 工事全体の損失金額を効果的に低減するためには、配管等支持不良の項目を改善すればよい。
(5) 配管等不良支持、絶縁不良、接地不良および結線不良の各項目を改善すると、工事全体の約90%の不良件数が改善できる。

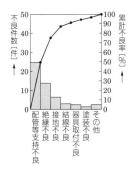

1級 **問題3** 図に示す品質管理のヒストグラムを分析した結果の記述として、最も不適当なものはどれか。

(1) Aは規格に対してゆとりがないので、注意をする必要がある。

(2) Bはばらつきを小さくする処置を取る必要がある。

(3) Cは何かの原因で分布が2つに分かれており、異常原因を取り除く必要がある。

(4) Dは規格の下限を下回る不良が多いので、下限を下げる必要がある。

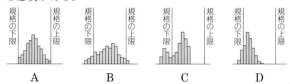

1級 **問題4** [5択] 図に示す品質管理に用いる図表に関する記述として、不適当なものはどれか。

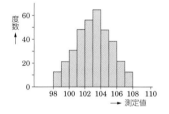

(1) 図の名称は、ヒストグラムであり柱状図ともいわれている。

(2) 分布のばらつきは、中心付近からほぼ左右対称であり、一般に現れる形である。

(3) 平均値とは、データの総和をデータの個数で割った値をいう。

(4) 標準偏差とは、個々の測定値の平均値からの差の2乗和を（データ数−1）で割り、これを平方根に開いた値をいう。

(5) 標準偏差が小さいということは、平均値から遠く離れているものが多くあるということである。

問題5 [5択] 図に示す電気工事の特性要因図において、ア、イ、ウに記載されるべき主な要因の組合せとして、適当なものはどれか。

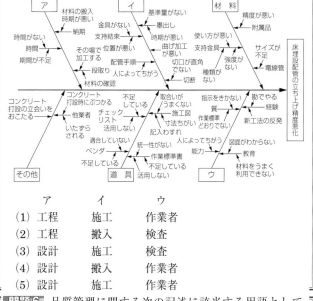

	ア	イ	ウ
(1)	工程	施工	作業者
(2)	工程	搬入	検査
(3)	設計	施工	検査
(4)	設計	搬入	作業者
(5)	設計	施工	作業者

問題6 品質管理に関する次の記述に該当する用語として、適当なものはどれか。

「2つの特性を横軸と縦軸にとり、測定値を打点して作る図で、相関の有無を知ることができる。」

- (1) 管理図
- (2) 散布図
- (3) パレート図
- (4) ヒストグラム

問題1

・不良項目の要因を大きい順に左から並べて**棒グラフ**とし、さらにこれらの大きさを順次累積した**累積度数分布線**を描いたものは、**パレート図**である。

・パレート図から、大きな不良項目や不良項目の全体に占める割合がわかる。　　　　　　　　　　　　　　　　　　　**答 (3)**

問題2

パレート図は、損失金額に関する情報は一切ないので、損失金額について論じることはできない。　　　　　　　　　　　**答 (4)**

問題3

Dは規格の下限を下回る不良が多いので、**平均値を規格の中心に近づける（全体を右方向に移動させる）**ようにしなければならない。

（参考）ヒストグラムの見方

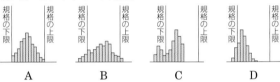

| A | B | C | D |

・グラフA：規格に対してゆとりがなく注意を要する。

・グラフB：ばらつきを小さくする処置が必要である。

・グラフC：何かの原因で分布が2つに分かれており、原因を取除く必要がある。

・グラフD：規格の下限を下回る不良が多いので、平均値を規格に近づけるようにする。

　　　　　　　　　　　　　　　　　　　　　　　　　答 (4)

問題4

標準偏差が小さいということは、平均値に近いデータが多く、データのばらつきが小さいということである。　　　　　　**答 (5)**

問題5

①特性要因図は、問題としている特性とそれに影響を与える要因との関係を一目でわかるように体系的に整理したものである。

②特性要因図において、「床埋設配管の立ち上げ精度悪化」という特性に対する主な要因を知る問題で、ア、イ、ウのそれぞれの小枝や孫枝がヒントになる。

ア　工　程→納期、時間、段どりなど

イ　施　工→切断、曲げ加工、配管手順など

ウ　作業者→経験、教育、能力など　　　　**答（1）**

問題6

①散布図は、「2つの特性を横軸と縦軸とし、観測点を打点して作るグラフ表示」で、分布の状態により、品質特性とこれに影響を与える原因などの**2変数の相関関係**がわかる。

②散布図のうち、右肩上がりの関係があるものは**正の相関**があるといい、右肩下がりのものは**負の相関**があるという。相関がなければ**相関なし**という。

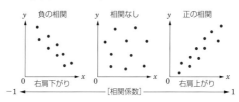

答（2）

☺ POINT ☺

ISO 9000 ファミリーについて概要をマスターする。

1. ISO 9000 ファミリー

> ISO（International Organization for Standardization）は、国際標準化機構の略であり、ISO 9000（品質マネジメントシステム—基本及び用語）や ISO 9001（品質マネジメントシステム—要求事項）などを ISO 9000 ファミリーと呼んでいる。

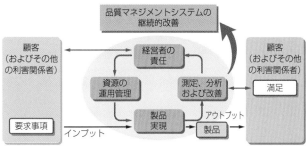

→ 価値を付加する活動
→ 情報の流れ

備考：括弧内の記述は JIS Q 9001 には適用しない事項

　ISO は、製品自体の規格でなく、**製品を作る企業の品質保証体制について定めた**もので、あらゆる業務および組織に適用できる。従来の日本的な品質管理と大きく異なる点は、経営者の責任と権限の明確化、ルールや記録の徹底した文書化、独立的な内部監査制度の導入にある。

ISO 9001	（品質マネジメントシステム） 顧客に安定した品質の**製品やサービスを提供**するために必要な管理ポイントをまとめている。→目的は**顧客満足**
ISO 14001	（環境マネジメントシステム） 会社を取り巻く地域の方々のために環境に悪影響を与えないようにする管理ポイントをまとめている。→目的は**環境保全**

1級 **問題1** 品質マネジメントの原則に関する用語として、「日本産業規格 (JIS)」上、定められていないものはどれか。
 (1) 段取重視   (2) リーダーシップ
 (3) 人々の積極的参画 (4) 改善

1級 **問題2** ISO 9000 の品質マネジメントシステムに関する次の文章に該当する用語として、「日本産業規格 (JIS)」上、正しいものはどれか。
「要求事項を満たす能力を高めるために、繰り返し行われる活動」
 (1) 改善   (2) 品質目標
 (3) 運営管理 (4) 顧客満足

1級 **問題3** ISO 9000 の品質マネジメントシステムに関する次の文章に該当する用語として、「日本産業規格 (JIS)」上、正しいものはどれか。
「考慮の対象となっているものの履歴、適用または所在を追跡できること」
 (1) 予防処置   (2) 是正処置
 (3) トレーサビリティ (4) 手直し

解答・解説

問題1
品質マネジメントの原則には、以下の 7 項目がある。

①顧客重視、②リーダーシップ、③**人々の積極的参画**、④プロセスアプローチ、⑤**改善**、⑥客観的事実に基づく意思決定、⑦関係性管理

答 (1)

問題2
該当する用語は、**改善**である。   **答 (1)**

問題3
該当する用語は、**トレーサビリティ**である。 **答 (3)**

☻POINT☻

TBM、KYK など現場で行う安全管理活動についてマスターしておく。

1.　TBM（ツールボックスミーティング）

作業開始前の短時間で、安全作業について話し合う**小集団安全活動**である。TBM では、その日の作業内容や方法、段取り、問題点などをテーマとする。確実な指示伝達が行え、安全に関する意識の高揚を図ることができる。

2.　KYK（危険予知活動）

KYT（危険予知トレーニング）ともいい、職場や作業の中に潜む危険要因を取り除くための**小集団安全活動**である。通常、5～6名のメンバーで、イラストシーンや実際に作業をして見せたりし、危険要因を抽出

月　日	危険予知活動表
作業内容	
危険のポイント	
私達はこうする	
グループ名	リーダー名　　　　作業員　名

する。みんなで本音を話し合い、考え合って、作業安全についての重点実施項目を理解する。

3.　ヒヤリハット運動

災害防止のための安全先取り活動の1つである。ヒヤッとしたりハッとしたりしたが、**負傷に至らなかった事例**を取り上げ、体験した内容を作業者に知らせることによって、同一災害の防止を図る。

4.　4S運動

安全で健康な職場作り、生産性向上を目指す活動である。**整理、整頓、清掃、清潔**のそれぞれのSのイニシャルをとったものであり、4S運動の実施で、通路での機材によるつまずき事故などを防止できる。

5.　安全パトロール

労働災害につながる現象や要因を作業場点検の中で発見し、これを取り除く。現場で、作業員と直接対話を心がけることで作業員の安全意識が高められる。安全衛生委員会では、安全パトロール結果も審議し、対策・改善を検討する。

問題1 KYT（危険予知トレーニング）に関する記述として、最も不適当なものはどれか。

(1) KYT は、危険のポイントを絞り込んで、ヒューマンエラー事故を防ぐことを目指している。

(2) KYT は、安全衛生先取りのために短時間で行う訓練である。

(3) KYT は、少人数チームで実施するものであり、1 人で実施することはできない。

(4) KYT 基礎 4 ラウンド法は、危険予知訓練の基本手法である。

問題2 次の安全衛生活動に関する記述として、適切なものはどれか。

(1) OJT とは、職場内での研修ではなく、専門の研修機関での研修である。

(2) 災害事例研究会は、職場内の同じ部署で実際にあった災害を取り上げるのがよい。

(3) オアシス運動とは、職場をうるおいのあるオアシスにするため、空調設備や娯楽施設の充実をはかる運動である。

(4) 全員リーダー制度とは、グループの全員が役割を分担し、リーダーとしての自覚と責任をもたせるものである。

解答・解説

問題1

1 人 KYT の一種に自問自答カードを用いる方法があり、自問自答カードのチェック項目を 1 項目ずつ声を出して自問自答しながら危険を発見・把握する方法である。　　　**答 (3)**

問題2

(1) OJT（オン・ザ・ジョブ・トレーニング）は日常業務を通じた従業員教育のことで、問題の内容は Off-JT（オフ・ザ・ジョブ・トレーニング）である。

(2) 気まずさがあるため、職場内の同じ部署の災害は取り上げない。

(3) オアシス運動は、（オ：おはよう、ア：ありがとう、シ：失礼します、ス：すみません）を繋げたもので、挨拶の実践を促しコミュニケーションを図る活動である。　　　**答 (4)**

得点パワーアップ知識

・施工管理・

施工計画

①総合計画書を作成し、それに基づき工種別施工計画書を作成する。

②労務計画では、合理的かつ経済的に管理するために労務工程表を作成する。

工程管理

①バーチャート工程表は、計画と実績の比較が容易である。

②トータルフロート（最大余裕）とは、作業を最早開始時刻で始め、最遅完了時刻で完了する場合にできる余裕時間をいう。

③フリーフロート（自由余裕）とは、作業を最早開始時刻で始め、後続する作業を最早開始時刻で始めてもなお存在する余裕時間をいう。

品質管理

①抜取検査を行う場合の条件として、合格ロットの中にもある程度の不良品の混入を許せること、試料の抜取がランダムにできることなどがある。

②品質保証とは、消費者の要求する品質が十分に満たされていることを保証するために、生産者が行う体系的活動である。

③レビューとは、設定された目標を達成するための対象の適切性、妥当性又は有効性の確定である。

安全管理

災害発生の頻度を表す度数率は次式で表される。

$$度数率 = \left(\frac{労働災害による死傷者数}{延べ労働時間} \right) \times 1\,000\,000$$

法　規

☙ POINT ☙

建設業法の目的・用語・許可の種類をマスターする。

1. 建設業法の目的

　この法律は、「建設業を営む者の**資質の向上**、建設工事の請負契約の適正化等を図ることによって、建設工事の**適正な施工**を確保し、**発注者を保護**するとともに、建設業の健全な発達を促進し、もって**公共の福祉の増進に寄与**することを目的とする。」としている。

2. 建設業の用語の定義

①発注者：建設工事（他の者から請け負ったものを除く）の**注文者**

②元請負人：下請契約における注文者で建設業者であるもの

③下請負人：下請契約における請負人

3. 建設業の許可の種類

　29 業種あり、業種・一般建設業と特定建設業の区分ごとに許可を受けなければならない。

①一般建設業：特定建設業以外のもの。

②特定建設業：発注者からの**直接請負工事**（元請工事）の下請代金の総額が、**4 000 万円以上**（建築一式工事は 6 000 万円以上）となる工事を施工するもの。

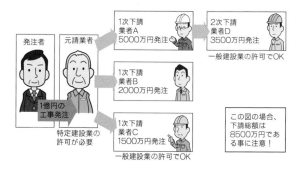

（注意 1）建築一式工事以外で、**500 万円未満**の工事（軽微な工事）は、建設業の許可は**不要**である。

（注意 2）一般建設業の許可を受けた者が、同じ業種の特定建設業の許可を受けたときは、一般建設業の許可は、その効力

を失う。

(注意3) 指定建設業とは、土木工事業、建築工事業、**電気工事業**、管工事業、鋼構造物工事業、舗装工事業、造園工事業の7業種をいう。

4. 建設業の許可を与える者

・建設業を営もうとする者は、許可が必要である。

① **2以上の都道府県の区域内に営業所あり**

⇒国土交通大臣の許可

② **1の都道府県の区域内にのみ営業所あり**

⇒都道府県知事の許可

・許可を受ければ、全国どこでも工事の施工ができる。

・許可は**5年ごと**に更新が必要である。

・電気工事業の許可を受けた後、引き続いて**1年以上**営業を休止した場合は、**許可取消し**となる。

問題1 建設業に関する用語の記述として、「建設業法」上、誤っているものはどれか。

(1) 発注者とは、建設工事（他の者から請け負ったものは除く。）の注文者をいう。

(2) 建設業者とは、建設業の許可を受けて建設業を営む者をいう。

(3) 元請負人とは、下請契約における注文者で建設業者であるものをいう。

(4) 建設工事とは、解体工事を除く土木建築に関する工事で、建築一式工事、電気工事などをいう。

問題2 建設業の許可に関する記述として、「建設業法」上、誤っているものはどれか。

(1) 建設業を営もうとする者は、政令で定める軽微な建設工事のみを請け負う者を除き、建設業法に基づく許可を受けなければならない。

(2) 建設業の許可は、発注者から直接請け負う1件の請負代金の額により、特定建設業と一般建設業に分けられる。

(3) 建設業の許可は、建設工事の種類に対応する建設業ごとに受けなければならない。

(4) 都道府県知事の許可を受けた建設業者であっても、他

の都道府県において営業することができる。

問題3 建設業に関する記述として、「建設業法」上、誤っているものはどれか。

(1) 建設業とは、元請、下請その他いかなる名義をもってするかを問わず、建設工事の完成を請け負う営業をいう。

(2) 元請負人とは、下請契約における注文者で建設業者であるものをいう。

(3) 一般建設業の許可を受けた者が、当該許可に係る建設業について、特定建設業の許可を受けたときは、当該建設業に係る一般建設業の許可は、その効力を失う。

(4) 特定建設業を営もうとする者が、1の都道府県の区域内にのみ営業所を設けて営業しようとする場合は、国土交通大臣の許可を受けなければならない。

問題4 建設業の許可に関する記述として、「建設業法」上、誤っているものはどれか。

(1) 建設業を営もうとする者は、政令で定める軽微な建設工事のみを請け負う者を除き、定められた建設工事の種類ごとに建設業の許可を受けなければならない。

(2) 建設業の許可は、発注者から直接請け負う1件の請負代金の額により、特定建設業と一般建設業に分けられる。

(3) 営業所の所在地を管轄する都道府県知事の許可を受けた建設業者は、他の都道府県においても営業することができる。

(4) 建設業の許可は、5年ごとに更新を受けなければ、その期間の経過によって、その効力を失う。

解答・解説

電気工学

電気設備

関連分野

施工管理

法

規

問題1

建設工事とは、土木建築に関する工事で、29業種の工事が該当し、解体工事も含まれている。

(参考)「建設業法」上、次の工事業が、指定建設業に該当する。①土木工事業、②建築工事業、③電気工事業、④管工事業、⑤鋼構造物工事業、⑥舗装工事業、⑦造園工事業

答 (4)

問題2

電気工事業では、元請で下請代金の総額が、**4 000万円以上**であれば**特定建設業**となる。　　　　　　　　　　**答 (2)**

問題3

特定建設業を営もうとする者が、1の都道府県の区域内にのみ営業所を設けて営業しようとする場合は、**都道府県知事の許可**を受けなければならない。

> ① **2以上の都道府県の区域内に営業所を設ける場合**
> ⟶ 国土交通大臣の許可
> ② **1都道府県の区域内にのみ営業所を設ける場合**
> ⟶ 都道府県知事の許可

答 (4)

問題4

特定建設業となるか一般建設業となるかは、元請で行う場合の代金の額で区分されている。発注者から直接請負工事（元請工事）の下請代金の総額が、4 000万円以上となる工事を施工するものが特定建設業である。　　　　　　**答 (2)**

建設業法1　目的・用語・許可の種類　**259**

☺ POINT ☺

建設業の許可の基準と届出についてマスターする。

1. 建設業の許可の基準

①法人である場合は、常勤役員または個人の1人が、許可を受けようとする建設業に関し**5年以上経営業務の管理責任者としての経験**を有する者であること。

②営業所ごとに、一定資格または実務経験を有する**専任の技術者**を置く。

（専任の技術者の要件）
- 高校卒業後5年、大学・高専卒業後3年以上の実務経験のある者
- **10年以上の実務経験のある者**
- 上記の者と同等以上の能力を有する者
- 電気工事施工管理技士の場合、特定建設業は1級、一般建設業は1級または2級が対象
- 第一種電気工事士など

専任技術者
事業所の技術的責任者

主任技術者
工事現場の技術者

両者の兼任はできない！

---

③法人、役員、個人などが請負契約に関して不正または不誠実な行為をするおそれがない。

④請負契約（特定建設業の場合**8 000万円以上**）を履行するに足りる財産的基礎があり、金銭的信用のある者であること。

2. 建設業の変更・廃業時の届出

許可を受けた建設業者は、建設業の変更や廃業時には、**30日以内**に、国土交通大臣または都道府県知事にその旨を届け出なければならない。

3. 附帯工事

建設業者は、**許可を受けた建設業に係る建設工事を請け負う場合においては、当該建設工事に附帯する他の建設業に係る建設工事を請け負うことができる**。

問題1 一般建設業の許可を受けた電気工事業者に関する記述として、「建設業法」上、誤っているものはどれか。

(1) 2以上の都道府県の区域内に営業所を設けて営業しようとする場合は、それぞれの所在地を管轄する都道府県知事の許可を受けなければならない。

(2) 発注者から直接請け負った電気工事を施工する場合、総額が政令で定める金額以上の下請契約を締結することができない。

(3) 2級電気工事施工管理技士の資格を有する者は、営業所ごとに置く専任の技術者になることができる。

(4) 営業所ごとに置く専任の技術者を変更した場合は、変更の届出を行わなければならない。

問題2 特定建設業の許可・届出に関する記述として、「建設業法」上、誤っているものはどれか。

(1) 電気工事に関して10年以上実務の経験を有する者は、営業所ごとに置かなければならない専任の技術者になることができる。

(2) 営業所ごとに置く専任の技術者を変更した場合は、変更の届出を行わなければならない。

(3) 2級電気工事施工管理技士は、営業所ごとに置かなければならない専任の技術者になることができる。

(4) 引き続いて1年以上営業を休止した場合、当該許可は取り消される。

解答・解説

問題1
2以上の都道府県の区域内に営業所を設けて営業しようとする場合は、国土交通大臣の許可を受けなければならい。　**答 (1)**

問題2
2級電気工事施工管理技士が、営業所ごとに置かなければならない専任の技術者になることができるのは、一般建設業の場合で、特定建設業では1級電気工事施工管理技士が専任の技術者になることができる要件である。　**答 (3)**

☙ POINT ☙

施工技術の確保のため、主任技術者や監理技術者の設置が規定されており、これらについてマスターする。

1. 主任技術者および監理技術者の設置

①**主任技術者の設置**：建設業者は、その請け負った建設工事を施工するときは、主任技術者を置かなければならない。

②**監理技術者の設置**：発注者から直接建設工事を請け負った特定建設業者は、下請契約の請負代金の額（下請契約が2以上あるときは、それらの請負代金の額の総額）が**4000万円以上**（建築一式工事は6000万円以上）の場合には、**監理技術者を置かなければならない。**

（注意）**監理技術者**：当該工事現場における建設工事の施工の技術上の管理をつかさどるものをいう。**1級電気工事施工管理技士**を取得した者は、電気工事の監理技術者になることができる。**監理技術者は、5年以内ごとに更新講習を受講しなければならない。**

建設業の許可を受けている者	4,000万円（建築一式工事は6,000万円）以上の下請契約を締結した工事
・請負金額の大小に関係なく	・元請のみ
主任技術者 主任技術者を配置	**監理技術者** 監理技術者を配置

③**専任の主任技術者または監理技術者の設置**

・公共性のある工作物（国や地方公共団体の発注する工作物や鉄道、学校等）に関する重要な建設工事で下請代金の総額が**3500万円以上**（建築一式工事では**7000万円以上**）の工事については、**主任技術者または監理技術者は、工事現場ごとに、専任の者**でなければならない。ただし、当該監理技術者の職務を補佐する者を専任で置く場合には、当該監理技術者の専任を要しない。

・この監理技術者は、**監理技術者資格者証の交付を受けている者であって、国土交通大臣の登録を受けた講習を受講したもの**のうちから、選任しなければならない。

・この監理技術者は、発注者から請求があったときは、**監理技**

術者資格者証を提示しなければならない。

（注意）専任の主任技術者または監理技術者は、建設工事を請け負った企業と直接的かつ恒常的な雇用関係にある者でなければならない。

主任技術者および監理技術者の職務など

①主任技術者および監理技術者は、工事現場における建設工事を適正に実施するため、建設工事の**施工計画の作成、工程管理、品質管理その他の技術上の管理**および建設工事の**施工に従事する者の技術上の指導監督の職務を誠実**に行わなければならない。

②工事現場における建設工事の施工に従事する者は、**主任技術者または監理技術者**がその職務として行う**指導**に従わなければならない。

問題1 工事現場における主任技術者または監理技術者に関する記述として、「建設業法」上、誤っているものはどれか。

(1) 2級電気工事施工管理技士は、工事現場における電気工事の監理技術者になることができる。

(2) 公共性のある施設に関する重要な建設工事で政令で定めるものを請け負った場合、その現場に置く主任技術者または監理技術者は、工事現場ごとに専任の者でなければならない。

(3) 一般建設業の許可を受けた電気工事業者は、下請負人として電気工事を請け負った場合、その請負金額にかかわらず、当該工事現場に主任技術者を置かなければならない。

(4) 主任技術者および監理技術者は、当該建設工事の施工計画の作成、工程管理、品質管理その他の技術上の管理を行わなければならない。

解答・解説

問題1

1級電気工事施工管理技士は、工事現場における電気工事の監理技術者になることができる。2級電気工事施工管理技士は、工事現場における電気工事の主任技術者になることができるが、監理技術者にはなれない。　　　　　　**答 (1)**

👀 POINT 👀

請負契約の原則および契約の内容をマスターする。

1級 1. 請負契約の原則

　建設工事の請負契約の当事者（注文者および請負人）は、各々の**対等な立場**における合意に基づいて**公正な契約**を締結し、信義に従って**誠実に履行**しなければならない。

1級 2. 請負契約の内容

　請負契約の当事者は、契約の締結に際して、次の事項を書面に記載して、署名、捺印、または記名押印をして相互に交付しなければならない。

①**工事内容**

②**請負代金の額**

③**工事着手の時期および工事完成の時期**

④請負代金の全部または一部の前払金または出来高部分に対する**支払いの定め**をするときは、その**支払いの時期および方法**

⑤当事者の一方から設計変更・工事着手の延期・工事の中止の申し出があった場合における工期の変更、請負代金の額の変更または損害の負担およびその額の算出方法に関する定め

⑥天災その他の不可抗力による工期の変更または損害の負担およびその額の算出方法に関する定め

⑦価格等の変動もしくは変更に基づく請負代金の額または工事内容の変更

⑧工事の施工により第三者が損害を受けた場合における賠償金の負担に関する定め

⑨注文者が工事に使用する資材を提供し、または建設機械その他の機械を貸与する時は、その内容および方法に関する定め

⑩注文者が工事の全部または一部の完成を確認するための検査

の時期および方法ならびに引渡の時期

⑪工事完成後における請負代金の支払いの時期および方法

⑫工事の目的物のかしを担保すべき責任または当該責任の履行に関して講ずべき保証保険契約の締結その他の措置に関する定めをするときは、その内容

⑬各当事者の履行の遅滞その他債務の不履行の場合における遅延利息、違約金その他の損害金

⑭契約に関する紛争の解決方法

1級 **問題1** 請負工事の請負契約書に記載しなければならない事項として、「建設業法」上、定められていないものはどれか。

- (1) 各当事者の債務の不履行の場合における遅延利息、違約金その他の損害金
- (2) 契約に関する紛争の解決方法
- (3) 工事完成後における請負代金の支払の時期および方法
- (4) 現場代理人の氏名および経歴

2級 **問題2** 建設工事の請負契約書に記載しなければならない事項として、「建設業法」上、定められていないものはどれか。

- (1) 下請負人の選定条件
- (2) 請負代金の額
- (3) 天災その他不可抗力による工期の変更に関する定め
- (4) 工事の施工により第三者が損害を受けた場合における賠償金の負担に関する定め

解答・解説

問題1

現場代理人および監督員の権限、現場代理人の氏名および経歴は、請負契約書の記載事項ではない。

答 (4)

問題2

下請負人の選定条件は、請負契約書に記載しなければならない事項として定められてはいない。

答 (1)

☺ POINT ☺
現場代理人の選任などについてマスターする。

1級 1. 現場代理人の選任等に関する通知

①請負人は、請負契約の履行に関
し工事現場に**現場代理人**を置く
場合は、現場代理人の権限に関
する事項および現場代理人の行
為についての注文者の請負人に
対する意見の申出の方法を、**書
面により注文者**に通知しなけれ
ばならない。

②**注文者**は、請負契約の履行に関し工事現場に**監督員**を置く場
合は、監督員の権限に関する事項および監督員の行為につい
ての請負人の注文者に対する意見の申出の方法を、**書面によ
り請負人**に通知しなければならない。

1級 2. 不当に低い請負代金の禁止

注文者は、自己の取引上の地位を不当に利用して、その注文
した建設工事を施工するために、通常必要と認められる**原価に
満たない金額**を請負代金の額とする請負契約を締結してはなら
ない。

1級 3. 不当な使用資材等の購入強制の禁止

注文者は、請負契約の締結後、自己の取引上の地位を不当に
利用して、その注文した建設工事に使用する資材もしくは機械
器具またはこれらの購入先を指定し、これらを請負人に購入さ
せて、その利益を害してはならない。

1級 4. 一括下請負の禁止

①建設業者は、その請け負った建設工事を、いかなる方法を
もってするかを問わず、一括して他人に請け負わせてはなら
ない。

②建設業を営む者は、建設業者から当該建設業者の請け負った
建設工事を一括して請け負ってはならない。

③建設工事が**公共工事以外**である場合、**元請負人があらかじめ
発注者の書面による承諾**を得たときは、これらの**規定は適用**
しない。

1級 5. 下請負人の変更請求

　注文者は、請負人に対して、建設工事の施工につき著しく不適当と認められる下請負人があるときは、その変更を請求することができる。ただし、あらかじめ注文者の書面による承諾を得て選定した下請負人については、この限りでない。

　建設業者は、建設工事の注文者から請求があったときは、請負契約が成立するまでの間に、建設工事の見積書を提出しなければならない。

1級 **問題1** 建設工事の請負契約に関する記述として、「建設業法」上、誤っているものはどれか。
(1) 請負人は、工事現場に監理技術者を置く場合においては、当該監理技術者の権限に関する事項等を、書面により注文者に通知しなければならない。
(2) 注文者は、工事現場に監督員を置く場合においては、当該監督員の権限に関する事項等を、書面により請負人に通知しなければならない。
(3) 注文者は、自己の取引上の地位を不当に利用して、その注文した建設工事を施工するために通常必要と認められる原価に満たない金額を請負代金の額とする請負契約を締結してはならない。
(4) 建設業者は、建設工事の請負契約を締結するに際して、工事内容に応じ、工事の種別ごとに材料費、労務費その他の経費の内訳を明らかにして、建設工事の見積りを行うよう努めなければならない。

解答・解説

問題1
請負人は、工事現場に監理技術者を置く場合においては、**氏名その他必要な事項**を、書面により**注文者に通知**しなければならない。
(**参考**) 現場代理人は請負金額に関する変更などの権限はない。

答 (1)

☻ POINT ☻

元請負人の義務についてマスターしておく。

1級 1. 下請負人の意見の聴取

元請負人は、その請け負った建設工事を施工するために**必要
な工程の細目、作業方法**その他元請負人において定めるべき事
項を定めようとするときは、あらかじめ、**下請負人の意見を聴
かなければならない。**

1級 2. 下請代金の支払

①元請負人は、**請負代金の出来形部分または工事完成後におけ
る支払**を受けたときは、支払を受けた日から**1月以内**で、
かつ、できる限り短い期間内に下請代金を支払わなければな
らない。

②元請負人は、**前払金の支払**を受けたときは、**下請負人**に対し
て、**資材の購入**、労働者の募集その他建設工事の着手に必要
な費用を前払金として支払うよう適切な配慮をしなければな
らない。

1級 3. 検査および引渡し

①元請負人は、下請負人からその請け負った建設工事が完成し
た旨の**通知**を受けたときは、通知を受けた日から**20日以内**
で、かつ、できる限り短い期間内に、その**完成を確認するた
めの検査**を完了しなければならない。

②元請負人は、検査によって建設工事の**完成**を確認した後、**下
請負人が申し出たときは、直ちに、建設工事の目的物の引渡
し**を受けなければならない。

完成通知はしてあるん
ですから20日以内に
検査してくれないと…

今月の支払い締は
終わったから来月
末まで待ってくれ

引渡しを受けるま
で、完成物の現場
管理は頼むよ

元請負人の義務を
守りましょう！

ダナ
ですよ

下請負人

元請負人

1級 4. 特定建設業者の下請代金の支払期日など

特定建設業者が注文者となった下請契約については、**完成物の引き渡しの申し出があった日から起算して 50 日以内に、**できる限り短い期間内において定められなければならない。

1級 問題1 元請負人の義務に関する記述として、「建設業法」上、定められていないものはどれか。

(1) 元請負人は、その請け負った建設工事を施工するために必要な工程の細目、作業方法その他元請負人において定めるべき事項を定めようとするときは、あらかじめ、下請負人の意見を聴かなければならない。

(2) 元請負人は、完成を確認するための検査によって建設工事の完成を確認した後、下請負人が申し出たときは、特約がされている場合を除き、直ちに、当該建設工事の目的物の引渡しを受けなければならない。

(3) 発注者から直接建設工事を請け負った特定建設業者は、当該建設工事の下請負人が、その下請負に係る建設工事の施工に関し、建設業法の規定に違反しないよう、当該下請負人の指導に努めるものとする。

(4) 発注者から直接建設工事を請け負った特定建設業者は、その請け負った建設工事の下請負人である建設業を営む者が、その下請負に係る建設工事の施工に関し、建設業法の規定に違反していると認めたときは、発注者にその旨を通報しなければならない。

解答・解説

問題1

発注者から直接建設工事を請け負った特定建設業者は、その請け負った建設工事の下請負人である建設業を営む者が、その下請負に係る建設工事の施工に関し、建設業法の規定に違反していると認めたときは、是正を求め、違反している事実を是正しないときは、**国土交通大臣または都道府県知事に、速やかに、その旨を通報**しなければならない。　　　　　　**答　(4)**

😈 POINT 😈

施工体制台帳と施工体系図についてマスターしておく。

1級 1. 施工体制台帳と施工体系図の作成

①**特定建設業者**は、発注者から直接建設工事を請け負った建設工事の下請代金の額（下請契約が**2以上**あるときは、**総額**）が**4000万円以上**になるときは、建設工事の適正な施工を確保するため、**施工体制台帳を作成**し、**工事現場ごとに備え置か**なければならない。

（注意）公共工事の場合は、**施工体制台帳の写しを発注者に提出**しなければならない。

②**下請負人**は、その請け負った建設工事を他の建設業を営む者に請け負わせたときは、**特定建設業者に対し**、他の建設業を営む者の商号または名称、請け負った建設工事の内容および工期その他の国土交通省令で定める事項を**通知**しなければならない。

③特定建設業者は、**発注者から請求があったとき**は、備え置かれた**施工体制台帳**を、その**発注者の閲覧に供しなければ**ならない。

④①の**特定建設業者**は、建設工事における各下請負人の施工の分担関係を表示した**施工体系図を作成**し、これを**工事現場の見やすい場所に掲げなければ**ならない。

（注意）公共工事の場合は、**工事関係者が見やすい場所および公衆が見やすい箇所に掲げなければ**ならない。

施工体制台帳　　　施工体系図

1級 2. 標識の表示

建設業者は、**店舗および建設工事の現場ごと**に、見やすい場所に、**標識**を掲げなければならない。

標識の表示項目
① 一般建設業または特定建設業の別
② 許可年月日、許可番号および許可を受けた建設業
③ 商号または名称
④ 代表者の氏名
⑤ 主任技術者または監理技術者の氏名（表示は現場のみ）

問題1 施工体制台帳および施工体系図に関する記述として、誤っているものはどれか。

(1) 施工体制台帳には、下請負人の商号または名称、下請工事の内容および工期等を記載しなければならない。

(2) 施工体制台帳は、営業所に備え置き、発注者から請求があったときは閲覧に供しなければならない。

(3) 施工体系図には、当該建設工事における各下請負人の施工の分担関係を表示しなければならない。

(4) 施工体系図は、当該工事現場の見やすい場所に掲げなければならない。

問題2 建設業者が、建設工事の現場ごとに掲げなければならない標識の記載事項として、定められていないものはどれか。

(1) 代表者の氏名

(2) 現場代理人の氏名

(3) 許可を受けた建設業

(4) 一般建設業または特定建設業の別

解答・解説

問題1
施工体制台帳は、**工事現場ごとに備え置か**ねばならない。

答 (2)

問題2
現場代理人の氏名は、標識の記載項目ではない。 **答 (2)**

☺ POINT ☺

公共工事標準請負契約約款について要約をマスターする。

1. 総　則

①発注者と受注者は、約款に基づき、**設計図書に従い**、法令を遵守し、**契約を履行**すること。

　　設計図書＝別冊の図面＋仕様書＋現場説明書
　　　　　　　＋現場説明に対する質問回答書

②受注者は、工事を**工期内に完成**して工事目的物を発注者に引き渡し、発注者は、**請負代金を支払う**こと。

③仮設、施工方法などは、約款や設計図書に特別の定めがある**場合を除き**、**請負者の責任**において定める。

④受注者は、契約履行に関し知り得た秘密を漏らさない。

⑤約款に定める請求、通知、報告、申出、承諾、解除は、**書面**により行うこと。

2. 権利義務の譲渡など

　受注者は、契約により生ずる**権利や義務を第三者に譲渡、承継させない**。ただし、あらかじめ、発注者の承諾を得た場合は、この限りでない。

3. 一括委託または一括下請負の禁止

　受注者は、工事の全部、主たる部分、他の部分から独立してその機能を発揮する工作物の工事を一括して第三者に委任し、または請け負わせないこと。

4. 下請負人の通知

　発注者は、受注者に**下請負人の商号または名称その他必要な事項の通知**を請求できる。

5. 監督員

　発注者は、監督員を置いたとき、**氏名を受注者に通知**すること。監督員を変更したときも同様とする。

6. 現場代理人および主任技術者など

①受注者は、**現場代理人、主任技術者、監理技術者、専門技術者**を定め、**氏名など**を発注者に通知すること。変更時も同様とする。

　下線部は兼任が可能である！

　主任電気工事士は通知内容でない！

②**現場代理人**は、工事現場に常駐し、運営、取締りを行うなどの一切の権限を行使できる。

7．工事関係者に関する措置請求

①**発注者**は、現場代理人、主任技術者、監理技術者、下請負人が不適当なとき、受注者に理由を明示した**書面**で必要な措置をとるよう**請求**ができる。

②**受注者**は、**監督員**が不適当なとき、発注者に理由を明示した**書面**で必要な措置をとるよう請求ができる。

8．工事材料の品質および検査など

①工事材料は、設計図書に品質が明示されていない場合は、中等の品質を有するものとする。

②受注者は、設計図書で監督員の検査を受け使用すべきと指定された工事材料については、検査に合格したものを使用し、**検査に直接要する費用は、受注者負担**とする。

③工事現場内に搬入した工事材料を**監督員の承諾を受けないで工事現場外に搬出しない**こと。

④検査不合格の工事材料は、工事現場外に搬出すること。

9．支給材料および貸与品

①支給材料・貸与品の品名・数量等は、設計図書に定めるところによる。

②監督員は、**支給材料・貸与品**の引渡しに当たっては、請負者の立会いの上、**発注者負担で検査**すること。

10．条件変更など

①受注者が施工で、次の事実を発見したときは、直ちに監督員に通知し、その確認を請求すること。

＊図面、仕様書、現場説明書、現場説明に対する質問回答書が一致しない

＊設計図書に誤謬や脱漏がある

＊設計図書の表示が明確でない

＊工事現場の状況が、設計図書と一致しない

＊予期できない特別な状態が生じた

②監督員は、確認請求があったとき、受注者立会いの上、直ちに調査を行うこと。調査の結果、必要があると認められるときは、設計図書の訂正または は変更を行うこと。

11. 工期の延長

受注者は、天候不良などで工期内に工事を完成できないとき、理由を明示した書面で発注者に工期の延長変更を請求できる。

12. 工期の短縮

発注者は、特別の理由で工期を短縮する必要があるとき、工期の短縮変更を請負者に請求できる。

13. 請負代金額の変更など

請負代金額の変更は、発注者と受注者が協議して定める。協議が整わない場合、発注者が定めて受注者に通知する。

14. 臨機の措置

受注者は、災害防止等のため必要があると認めるとき、臨機の措置をとること。この場合、必要があるときは、あらかじめ監督員の意見を聴くこと。ただし、緊急やむを得ない事情があるときは、この限りでない。

15. 第三者に及ぼした損害

①工事の施工について第三者に損害を及ぼしたときは、受注者が損害賠償する。

②工事の施工に伴い通常避けられない騒音、振動、地盤沈下、地下水の断絶等の理由で第三者に損害を及ぼしたときは、発注者が損害を負担する。ただし、受注者が注意義務を怠った理由によるものは、受注者が負担する。

16. 検査および引渡し

①受注者は、工事の完成を発注者に通知すること。

②発注者は、通知を受けた日から14日以内に受注者の立会いの上、検査を完了し検査結果を受注者に通知しなければならない。

③検査で工事完成を確認した後、受注者が工事目的物の引渡しを申し出たとき、直ちに引渡しをすること。

17. 請負代金の支払

①受注者は、工事完成検査に合格したときは、請負代金の支払を請求できる。

②発注者は、請求を受けた日から40日以内に請負代金を支払わなければならない。

18. 前払金

①受注者は、保証契約を締結し、その保証証書を発注者に寄託

して、前払金の支払を発注者に請求できる。

②発注者は、**請求を受けた日から 14 日以内**に前払金を支払うこと。

19. 前金払

受注者は、前払金をこの工事の材料費、労務費、機械器具の賃借料、機械購入費、動力費、支払運賃、修繕費、仮設費、労働者災害補償保険料、保証料に相当する額として必要な経費以外の支払に充当してはならない。

20. 部分払

発注者は、部分払の請求があったときは、**請求を受けた日から 14 日以内**に支払うこと。

21. かし担保

①発注者は、工事目的物にかしがあるとき、受注者に対しかしの修補、修補に代わる損害賠償を請求できる。

②この請求は、引渡しを受けた日から **1 年以内**に行うこと。

22. 発注者の解除権

発注者は、受注者が次の場合には、契約を解除できる。

＊正当な理由なく、**工事に着手すべき期日を過ぎても工事に着手しない**

＊**工期内に完成しない**

＊**主任技術者・監理技術者を設置しない**

＊**契約に違反し契約の目的を達することができない**

問題1 設計図書として、「公共工事標準請負契約約款」上、不適当なものはどれか。

(1) 図面　(2) 仕様書　(3) 見積書　(4) 現場説明書

問題2 請負契約に関する記述として、「公共工事標準請負契約約款」上、誤っているものはどれか。

(1) 発注者は、受注者に対して、下請負人の商号または名称その他必要な事項の通知を請求することができる。

(2) 現場代理人は、請負代金額の変更、請負代金の請求および受領に係る権限を行使することができる。

(3) 受注者は、発注者が契約に違反し、その違反によって契約の履行が不可能となったときは、契約を解除することができる。

$\qquad$(4) 設計図書に工事材料の品質が明示されていない場合にあっては、中等の品質を有するものとする。

1級 問題3 請負契約に関する記述として、「公共工事標準請負契約約款」上、誤っているものはどれか。

$\qquad$(1) 発注者は、受注者が正当な理由なく、工事に着手すべき期日を過ぎても工事に着手しないときは契約を解除することができる。

$\qquad$(2) 受注者は、設計図書が変更されたことにより、請負代金額が3分の2以上減少したときは契約を解除することができる。

$\qquad$(3) 現場代理人、主任技術者（監理技術者）および専門技術者は、これを兼ねることができない。

$\qquad$(4) 受注者は、契約により生ずる権利または義務を、発注者の承諾なしに第三者に譲渡できない。

解答・解説

問題1

設計図書は次のものが該当し、見積書はこれに該当しない。①〜④は確実に覚えるようにしておかねばならない。

設計図書＝①**別冊の図面**＋②**仕様書**＋③**現場説明書**＋④**現場説明に対する質問回答書**

（参考） 設計図書間に相違がある場合、優先順位の高いものから順に並べると、次のようになる。

①質問回答書、②現場説明書、③特記仕様書、④図面（設計図）、⑤標準仕様書

答 (3)

問題2

現場代理人には、金銭にまつわる事項の権限はない。

答 (2)

問題3

現場代理人、主任技術者（監理技術者）および専門技術者は、これを兼ねることができる。

答 (3)

☺ POINT ☺

建設工事標準下請契約約款について要約をマスターする。

1級 1. 関係事項の通知

下請負人は、元請負人に対して、この工事に関し、次に掲げる事項を**契約締結後遅滞なく書面をもって通知**しなければならない。

①現場代理人および主任技術者の氏名

②雇用管理責任者の氏名

③安全管理者の氏名

④工事現場において使用する1日当たり平均作業員数

⑤工事現場において使用する作業員に対する賃金支払の方法

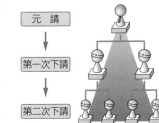

⑥その他下請負人が工事の適正な施工を確保するため必要と認めて指示する事項

問題1 下請負人が元請負人に対して契約締結後遅滞なく書面をもって通知する事項として、「建設工事標準下請契約約款」上、定められていないものはどれか。

(1) 現場代理人および主任技術者の氏名

(2) 雇用管理責任者の氏名

(3) 安全管理者の氏名

(4) 主任電気工事士の氏名

解答・解説

問題1

主任電気工事士の氏名は定められていない。

(参考) 請負者は、共同住宅の新築工事以外の工事であらかじめ発注者書面により承諾を得た場合は、一括してこの工事を第三者に請け負わすことができる。

答 (4)

☻ POINT ☻

法の目的と労働安全衛生についての管理体制をマスターしておく。

1. 労働安全衛生法の目的

「労働基準法と相まって、労働災害の防止のための**危害防止基準の確立、責任体制の明確化**および**自主的活動の促進の措置**を講ずる等その防止に関する**総合的計画的**な対策を推進することにより職場における労働者の安全と健康を確保するとともに、快適な職場環境の形成を促進すること」を目的としている。

2. 労働安全衛生の管理体制（1社のみで施工）

事業者は、安全衛生に対する体制を整え、総括安全衛生管理者、安全管理者、衛生管理者、産業医および安全衛生推進者の選任は、その選任すべき事由が生じた日から **14日以内に選任**し、遅滞なく**労働基準監督署長に報告**しなければならない。

常時 10 人以上 50 人未満の事業所	常時 50 人以上 100 人未満の事業所	常時 100 人以上 の事業所
事業者 ↓選任 **安全衛生推進者**	事業者 ↓選任 産業医／衛生管理者／安全管理者	事業者 ↓選任 **総括安全衛生管理者** ‥‥指揮‥‥ 産業医／衛生管理者／安全管理者

名　称	職　務
安全衛生推進者	事業場の安全衛生の業務を行う。
安全管理者	**安全**に関する技術的事項を管理する。
衛生管理者	**衛生**に関する技術的事項を管理する。
総括安全衛生 管理者	安全管理者、衛生管理者または救護に関する措置のうちの技術的事項を管理する者の**指導**および安全衛生に関する事項の**総括管理**を行う。

3. 労働安全衛生の管理体制（2 社以上で施工）

　事業者は、安全衛生に対する体制を整え、統括安全衛生責任者、元方安全衛生管理者、安全管理者、衛生管理者および店社安全衛生管理者の選任は、その選任すべき事由が生じた日から**14 日以内に選任**し、遅滞なく**労働基準監督署長に報告**しなければならない。

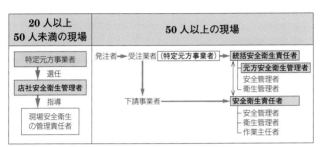

名　称	職　務
店社安全衛生管理者	作業現場の巡視（**毎月 1 回以上**）などを行う。
統括安全衛生責任者	元請の業務となる各事項を**統括管理**するとともに、下請事業者の安全衛生責任者との**連絡**などを行う。
元方安全衛生管理者	統括安全衛生責任者の行う職務のうち、**技術的事項の職務**を行う。
安全衛生責任者	統括安全衛生責任者との**連絡**を行う。（安全衛生責任者は**下請事業者が選任**）

　問題1 特定元方事業者が選任し、統括安全衛生責任者が統括管理すべき事項のうち技術的事項を管理させる者として、「労働安全衛生法」上、定められているものはどれか。
　(1) 安全管理者　　　　　(2) 元方安全衛生管理者
　(3) 店社安全衛生管理者　(4) 総括安全衛生管理者

解答・解説

問題1
元方安全衛生管理者である。　　　　　　　　　　　　　　**答　(2)**

☻ POINT ☻

安全委員会、衛生委員会、安全衛生委員会についてマスターしておく。

1. 安全委員会と衛生委員会

常時 **50 人以上の労働者を使用する**事業場での設置が義務づけられている。

安全委員会

次の事項を調査審議し、事業者に対し意見を述べさせる。

①労働者の危険防止を図るための基本対策に関すること

②労働災害の原因・再発防止対策で安全に関すること

③上記のほか、労働者の危険の防止に関する重要事項

衛生委員会

次の事項を調査審議し、事業者に対し意見を述べさせる。

①労働者の健康障害の防止を図るための基本対策に関すること

②労働者の健康の保持増進を図るための基本対策に関すること

③労働災害の原因・再発防止対策で衛生に関すること

④上記のほか、労働者の健康障害の防止・健康の保持増進に関する重要事項

2. 安全衛生委員会

安全委員会および衛生委員会の設置に代え、**安全衛生委員会**を設置できる。

3. 委員会の運営方法

開催回数は毎月 1 回以上で、重要な議事内容は**記録**し、**3 年間保存**しなければならない。

月に1回以上安全衛生委員会を開催しよう

重要な議事内容は記録して3年間保存しましょう

安全衛生水準の向上

問題1 衛生委員会に関する次の文章中、[____]に当てはまる数値として、正しいのはどれか。

「事業者は、常時[____]人以上の労働者を使用する建設業の事業場ごとに、衛生委員会を設けなければならない。」

(1) 10 (2) 30 (3) 50 (4) 100

問題2 安全衛生委員会の付議事項として、定められていないものはどれか。

(1) 安全に関する規程の作成に関すること。
(2) 衛生教育の実施計画の作成に関すること。
(3) 労働災害の補償に関すること。
(4) 労働者の精神的健康の保持増進を図るための対策の樹立に関すること。

問題3 安全衛生委員会に関する記述として、誤っているものはどれか。

(1) 安全衛生委員会の付議事項として、安全衛生教育の実施計画の作成に関することがある。
(2) 安全衛生委員会は、毎月1回以上開催するようにしなければならない。
(3) 事業者は、委員会における議事で重要なものに係る記録を作成して2年間保存しなければならない。
(4) 安全衛生委員会の委員の1人は、安全管理者および衛生管理者のうちから事業者が指名した者でなければならない。

解答・解説

問題1

安全委員会、衛生委員会、安全衛生委員会を設けなければならない条件は、**常時50人以上の労働者を使用する建設業の事業場**である。　　　　　　　　　　　　　　　　　　　　　**答 (3)**

問題2

労働者の危険の防止の基本となるべき対策などの重要事項について審議を行う会議で、労働災害の補償に関することは含まれていない。　　　　　　　　　　　　　　　　　　　　**答 (3)**

問題3

安全衛生委員会の記録の保存は**3年間**である。　　　**答 (3)**

☻ POINT ☻

安全衛生教育の種類と教育の条件についてマスターしておく。

1. 雇入れ時等の安全衛生教育

　事業者は、次の場合、当該労働者に対し、遅滞なく従事する業務に関する安全衛生教育を行わなければならない。

①労働者を雇い入れたとき

②労働者の作業内容を変更したとき

③危険・有害業務につかせるとき（特別教育の実施）

2. 職長教育

　事業者は、その事業場の業種が政令で定めるものに該当するときは、**新たに職務につくことになった職長**その他の労働者を直接指導または監督する者（作業主任者を除く）に対し、安全衛生教育を行わなければならない。

3. 特別教育の種類

　危険または有害な業務につかせようとするときに必要な特別教育には、次のような種類がある（抜粋）。

①研削と石の取替え（取替え時の試運転）

②アーク溶接

③電気取扱い［高圧（特別高圧）の活線］

④最大荷重 **1t** 未満のフォークリフトの運転業務

⑤作業床の高さ **10m** 未満の高所作業車の運転

⑥小形ボイラの取扱い

⑦つり上げ荷重 **5t** 未満のクレーンの運転

⑧つり上げ荷重 **1t** 未満の移動式クレーンの運転

⑨建設用リフトの運転

⑩つり上げ荷重 **1t** 未満の玉掛け

⑪ゴンドラの操作

⑫高圧作業への送気の調節

⑬高圧室内作業への加圧・減圧の調節

⑭潜水作業者への送気の調節

⑮再圧室の操作

⑯高圧室内作業

⑰酸素欠乏・硫化水素危険作業

問題1 事業者が労働者に安全衛生教育を行わなければならない場合として、定められていないものはどれか。
(1) 労働災害が発生したとき
(2) 労働者を雇い入れたとき
(3) 労働者の作業内容を変更したとき
(4) 省令で定める危険または有害な業務につかせるとき

1級 問題2 事業者が、新たに職務につくこととなった職長に対して行わなければならない安全・衛生教育として、定められていないものはどれか。
(1) 労働者に与える年次有給休暇に関すること。
(2) 作業方法の決定および労働者の配置に関すること。
(3) 労働者に対する指導または監督の方法に関すること。
(4) 作業行動その他業務に起因する危険性または有害性等の調査に関すること。

1級 問題3 建設現場において、特別教育を修了した者が就業できる業務として、誤っているものはどれか。ただし、道路上を走行させる運転を除く。
(1) 高圧充電電路の支持物の点検の業務
(2) アーク溶接機を用いて行う金属の溶接の業務
(3) 最大荷重が 0.7t のフォークリフトの運転の業務
(4) つり上げ荷重が 1.5t の移動式クレーンの玉掛けの業務

解答・解説

問題1
安全衛生教育の趣旨は、労働災害が発生しないようにあらかじめ教育を行うことである。 **答 (1)**

問題2
労働者に与える年次有給休暇に関することは含まれていない。 **答 (1)**

問題3
つり上げ荷重 1t 未満の玉掛けは特別教育の修了者で、つり上げ荷重 1t 以上は技能講習修了者でなければならない。 **答 (4)**

☺ POINT ☺

作業主任者を選任しなければならない作業についてマスターしておく。

1.　作業主任者の選任

作業主任者制度は、職場における安全衛生管理組織の一環として、**危険または有害な設備、作業**について、その**危害防止**のために必要な事項を担当させるためのものと位置づけられている。作業主任者は、技能講習修了者や免許所有者の中から選任される。

2.　作業主任者を選任すべき作業

下表のような作業では、作業主任者を選任しなければならない（抜粋）。

	作業責任者の管理を必要とする業務内容	作業主任者名
①	高圧室内作業	高圧室内（免許）
②	アセチレン溶接装置・ガス集合溶接装置を用いて行う金属の溶接、溶断、加熱	ガス溶接（免許）
③	掘削面の高さが **2m 以上**となる地山の掘削	地山の掘削（技能講習）
④	土留め支保工の切りばりまたは腹おこしの取付け・取外し	土留め支保工（技能講習）
⑤	ずい道等の掘削等	ずい道等の掘削等（技能講習）
⑥	型枠支保工の組立て・解体	型枠支保工組立て等（技能講習）
⑦	つり足場、張出し足場または高さ **5m**以上の構造の足場の組立て、解体・変更	足場の組立て等（技能講習）
⑧	建築物の骨組みなど（高さ **5m** 以上のものに限る）の組立て、解体・変更	鉄骨の組立て等作業主任者（技能講習）
⑨	**酸素欠乏危険場所等における作業**	酸素欠乏・硫化水素危険作業主任者（技能講習）
⑩	屋内作業場、タンク、船倉・坑の内部その他の場所で有機溶剤を製造・取扱い	有機溶剤作業主任者（技能講習）

問題1 作業主任者を選任すべき作業として、定められていないものはどれか。

(1) アセチレン溶接装置を用いて行う金属の溶接の作業
(2) 分電盤にケーブルを接続する活線近接作業
(3) 土留め支保工の切りばりの取付けの作業
(4) 張出し足場の組立ての作業

1級 **問題2** 作業主任者を選任すべき作業として、定められていないものはどれか。

(1) 高所作業車の運転を伴う作業
(2) アセチレン溶接装置を用いて行う金属の溶接、溶断、加熱の作業
(3) 地下ケーブルを収容するためのピット内部の酸素欠乏危険場所における作業
(4) 土留め支保工の切りばりまたは腹おこしの取付けまたは取りはずしの作業

2級 **問題3** 事業者の選任についての組み合わせとして、誤っているものはどれか。

(1) 作業床の高さ 10 m での照明器具の取付け時の 10 m の高所作業車の運転：特別教育修了者
(2) 研削といしの取替え時の試運転：特別教育修了者
(3) 重さが 1 トンの変圧器を吊り上げる移動式クレーンの玉掛けの作業：技能講習修了者
(4) 高さが 5 m の枠組足場の組立て作業：作業主任者（技能講習修了者）

解答・解説

問題1

(2) は電気工事士の資格を有する者が実施しなければならない。　　**答 (2)**

問題2

高所作業車の運転を伴う作業は、作業主任者を選任すべき作業でない。　　**答 (1)**

問題3

高さが 10 m の高所作業車の運転は技能講習修了者で、高さ 10 m 未満は特別教育修了者である。　　**答 (1)**

☻ POINT ☻

墜落・飛来・落下災害の防止についてマスターしておく。

1. 高所作業

①高さ **2m 以上**の高所作業では、**作業床を設ける**。

②作業床の端、開口部には、墜落防止の**囲い**、**手すり**、**覆い**などを設ける。

③作業床の設置が困難な場合には、**防網を張り**、労働者に**要求性能墜落制止用器具を使用**させる。

④強風、大雨、大雪など**悪天候時**は、作業に従事させない。

2. 照度の保持

高さ **2m 以上**での作業は、必要な照度を保持する。

3. スレート等の屋根の危険の防止

スレート等でふかれた屋根の上で作業を行うときは、踏み抜きによる危険防止のため、幅 **30cm 以上**の**歩み板**を設け、防網を張るなどの措置を講じる。

4. 昇降設備

高さや深さが **1.5m** を超える箇所での作業は、労働者が安全に昇降できる設備を設ける。

移動はしご	脚立
①幅が **30cm 以上**あること ②滑り止め装置があること	①脚と水平面の角度は **75° 以下**のこと ②折りたたみ式のものは角度を確実に保つ金具を備えたものであること ③踏面は必要な面積があること

移動はしご図: 60cm 以上、転位防止、20〜30cm 等間隔、滑り止め、75°、30cm 以上

脚立図: 踏面 30cm 以上、12cm 以上、踏み桟は等間隔 踏み桟奥行 5cm 以上、2cm 未満、開き止め器具、75° 以下、滑り止め
*天板に乗っての単独作業は禁止！
*つり足場の上での使用は禁止！

問題1 要求性能墜落制止用器具等の取付設備等に関する次の文章中、□□□ に当てはまる語句として、「労働安全衛生法」上、定められているものはどれか。

「事業者は、高さが □□□ の箇所で作業を行う場合において、労働者に要求性能墜落制止用器具等を使用させるときは、要求性能墜落制止用器具等を安全に取り付けるための設備等を設けなければならない。」

(1) 1.5 m 以上　(2) 1.8 m 以上
(3) 2 m 以上　(4) 3 m 以上

問題2 墜落等による危険を防止するために、事業者が講ずべき措置に関する記述として、誤っているものはどれか。

(1) 作業場所の高さが 2 m なので、作業床を設けた。
(2) 脚立は、脚と水平面との角度が 75° のものを使用した。
(3) 昇降用の移動はしごは、幅が 30 cm のものを使用した。
(4) 踏み抜きの危険のある屋根上には、幅が 20 cm の歩み板を設けた。

問題3 昇降設備の設置に関する次の文章中、□□□ に当てはまる語句として、「労働安全衛生法」上、定められているものはどれか。

「事業者は、高さまたは深さが □□□ を超える箇所で作業を行うときは当該作業に従事する労働者が安全に昇降するための設備等を設けなければならない。」

(1) 1.5 m　(2) 2 m　(3) 3.3 m　(4) 4.5 m

解答・解説

問題1
要求性能墜落制止用器具とくれば、**2 m 以上**である。　**答 (3)**

問題2
踏み抜きの危険のある屋根上には、**幅 30 cm 以上の歩み板**を設けなければならない。　**答 (4)**

問題3
高さや深さが **1.5 m を超える箇所**で作業を行うときは、作業に従事する労働者が安全に昇降できる設備などを設けなければならない。　**答 (1)**

☙ POINT ☙

墜落・飛来・落下災害の防止についてマスターしておく。

1. 仮設通路

①勾配は **30°以下**とし、**15°を超える**ものは踏み桟その他の滑り止めを設ける。

②墜落危険箇所には、高さ **85 cm 以上**の手すりを設ける。

③高さ **8 m 以上**の上り桟橋には、**7 m 以内**ごとに踊り場を設ける。

2. 作業床・移動足場

①作業床の床の幅は **40 cm 以上**、床材間のすき間は **3 cm 以下**であること（つり足場のすき間はないこと！）。

②危険個所には、**高さ 85 cm 以上の手すりおよび中桟**などを設ける。

③移動足場の床材は、幅 20 cm 以上、厚さ 3.5 cm 以上、長さ 3.6 m 以上であること。

④足場板は **3 点以上で支持**すること。

⑤支持点からの突出は 10 cm 以上で、足場板の長さ 1/18 以下であること。

⑥長手方向に重ねるときは、支点の上で 20 cm 以上重ねること。

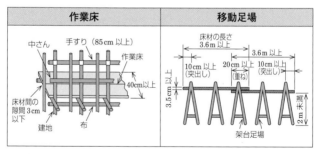

3. 高所からの物体投下

①**3 m 以上**の高所から**物体を投下**するときは、適当な投下設備を設け、**監視人を置く**など労働者の危険を防止するための措置を講じること。

②投下設備がないときは、投下してはならない。

1級 「問題1」 建設現場の通路に関する記述として、「労働安全衛生法」上、誤っているものはどれか。

(1) 労働者が使用する安全な通路に、通路であることを示す表示を設けた。

(2) 仮設通路のこう配が30°であったので、踏み桟その他の滑止めを設けなかった。

(3) 通路には、正常の通行を妨げない程度に照明を設けた。

(4) 登りさん橋の高さが5mであったので、登る途中に踊場を設けなかった。

「問題2」 移動式足場（ローリングタワー）の設置および使用に関する記述として、最も不適当なものはどれか。

(1) 作業床の高さが2mであったので、安全な昇降設備を設けた。

(2) 作業床の周囲に設ける手すりの高さを90cmとし、中桟を設けた。

(3) 作業床上では、脚立の使用を禁止した。

(4) 作業床上の作業員が要求性能墜落制止用器具を使用していることを確認して、足場を移動させた。

【解答・解説】

「問題1」

仮設通路は、**勾配が15°を超える場合には、踏み桟その他の滑り止めを設けなければならない。** 　　　　**答 (2)**

「問題2」

足場の移動は、作業員を地上に降ろしてから行わなければならない。

答 (4)

😈 POINT 😈

クレーンによる作業と玉掛け作業についてマスターする。

1. クレーンによる作業・玉掛け

①クレーンの運転操作は、**5t以上はクレーン運転免許が必要**で、**5t未満は特別教育を受けた者**であること。

②移動式クレーンの運転操作は、**5t以上は移動式クレーン運転免許が必要**で、**1t以上5t未満は技能講習修了者、1t未満は特別教育を受けた者**であること。

③**移動式クレーンの作業**では、運転についての**合図を定め、合図を行う者を指名**しなければならない。

④移動式クレーンでの労働者の運搬や労働者のつり上げは禁止されている。

⑤移動式クレーンの運転者は、荷をつったままで運転位置を離れてはならない。

⑥定期自主検査は、**1年以内ごとに1回検査する項目**と、**1月以内ごとに1回検査する項目**とがあり、自主検査の結果の**記録は3年間保存**しなければならない。

⑦その日の**作業開始前**に、巻過防止装置などの**点検**を行わなければならない。

⑧つり上げ荷重**1t以上のクレーン等を使用する玉掛け作業**は、**技能講習修了者、1t未満の場合は特別教育を受けた者**でなければならない。

⑨移動式クレーンに**定格荷重を超える荷重**をかけて使用してはならない。

⑩移動式クレーン明細書に記載されている**ジブの傾斜角**の範囲を超えて使用してはならない。

⑪移動式クレーンの運転者および玉掛けをする者が移動式クレーンの**定格荷重を知る**ことができるよう、**表示**その他の措置を講じなければならない。

⑫アウトリガーや拡幅式クローラのある移動式クレーンを用いて作業するときは、**アウトリガーまたはクローラを最大限に**

張り出すようにしなければならない。

⑬移動式クレーンの上部旋回体と接触するおそれのある箇所に労働者を立ち入らせてはならない。

⑭**強風のため、移動式クレーンの作業の実施に危険が予想されるときは、作業を中止**しなければならない。

⑮移動式クレーンの作業を行うときは、**移動式クレーンに移動式クレーン検査証を備え付けて**おかなければならない。

2. 掘削作業

①地山の掘削作業を行うときは、地山の種類によって**掘削面の高さに応じた掘削面の勾配**が定められているため、これ以下の勾配で掘削しなければならない。

②掘削面の高さが**2 m 以上**の場合は、**地山の掘削作業主任者**を選任し、直接作業指揮を行わせる。

③**軟弱地盤で崩壊の危険がある所**では、**土止め支保工、防護網**などの危険防止措置をしなければならない。

[問題1] 高所作業車に関する記述として、「労働安全衛生法」上、**誤っている**ものはどれか。ただし、高所作業車は 6 カ月以上継続使用しているものとする。

(1) 高所作業車を用いて作業するときは、作業の指揮者を定め、その者に指揮を行わせなければならない。

(2) 高所作業車を用いて作業するときは、乗車席および作業床以外の箇所に労働者を乗せてはならない。

(3) 高所作業車の安全装置の異常の有無などについては、3 カ月以内ごとに 1 回、定期に自主検査を行わなければならない。

(4) 高所作業車の自主検査を行ったときは、その検査の結果などを記録し、3 年間保存しなければならない。

解答・解説

[問題1]

高所作業車を用いて作業を行うときは、その日の作業を開始する前に、制動装置、操作装置および作業装置の機能について点検を行わなければならない。 **答 (3)**

☙ POINT ☙

マンホールやピットは、酸素欠乏を招きやすいため、酸素欠乏の災害の防止についてマスターする。

1. 酸素欠乏危険作業

①空気中の**酸素濃度が 18％未満**である状態を**酸素欠乏**という。

②酸素欠乏等とは、①の状態または空気中の硫化水素濃度が 10 ppm を超える状態をいう。

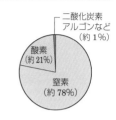

二酸化炭素
アルゴンなど
（約 1％）

酸素
（約 21％）

窒素
（約 78％）

空気の成分

③酸素欠乏危険作業には、**技能講習を修了した作業主任者を選任し、作業者も特別教育を受講した者**としなければならない。

④**暗きょやマンホールなど**の酸素欠乏危険場所で作業するときの実施事項

作業前に酸素
濃度を測定

- ●その日の作業を開始する前に空気中の**酸素濃度を測定、記録し、3 年間保存**しなければならない。

- ●**酸素濃度を 18％以上**に保つよう**換気**しなければならない。

- ●従事させる労働者の**入場・退場時**に、**人員の点検**をしなければならない。

- ●同時に就業する労働者の人数と同数以上の**空気呼吸器**などを備え、労働者に使用させなければならない。

- ●労働者が酸素欠乏症等にかかって転落するおそれのあるときは、労働者に**要求性能墜落制止用器具**その他の**命綱**を使用させなければならない。

- ●指名した者以外の者が立ち入ることを禁止し、その旨を見やすい箇所に**表示**しなければならない。

問題1 酸素欠乏危険場所に労働者を従事させるときの事業者の責務として、「労働安全衛生法」上、誤っているものはどれか。

(1) 労働者に対して、酸素欠乏症の防止に関して必要な事項等について特別の教育を行わなければならない。

(2) 作業を行うにあたり、酸素欠乏危険作業主任者を選任しなければならない。

(3) 作業場所の空気中の酸素濃度を16%以上に保つよう換気を行わなければならない。

(4) 作業環境測定を行ったときは、そのつど、定められた事項を記録して、これを3年間保存しなければならない。

問題2 酸素欠乏危険作業に関する記述として、「労働安全衛生法」上、誤っているものはどれか。

(1) 地下に敷設されるケーブルを収容するための暗きょの内部は、酸素欠乏危険場所である。

(2) その日の作業を開始する前に、当該作業場における空気中の酸素の濃度を測定した。

(3) 作業を行うにあたり、当該現場で行う特別の教育を受けた者のうちから、酸素欠乏危険作業主任者を選任した。

(4) 当該作業を行う場所において酸素欠乏等のおそれが生じたので、その場所には、特に指名した者以外の者が立ち入ることを禁止し、その旨を見やすい箇所に表示した。

解答・解説

問題1

酸素濃度18%未満は、酸素欠乏である。酸素欠乏症による災害は発生件数1件当たりの死傷者数が多いのが特徴である。このため、作業場所の空気中の**酸素濃度を18%以上に保つよう換気**を行わなければならない。　　　　　　　　　　**答　(3)**

問題2

酸素欠乏危険作業には、**技能講習を修了した作業主任者**を選任しなければならない。現場の作業者は、**特別教育を受講した者**としなければならない。　　　　　　　　　　　　　　　**答　(3)**

☺ POINT ☺

感電災害の防止についてマスターする。

1. 漏電による感電の防止

①対地電圧 150V を超える移動式・可搬式の電気機械器具等は、漏電による感電防止のため、電路に感電防止用漏電遮断装置を接続しなければならない。

②感電防止用漏電遮断装置の施設が困難なときは、電動機械器具の金属製外枠、電動機の金属製外被等の**金属部分を接地**して使用しなければならない。

③充電部や附属コードの**絶縁被覆の損傷、接続端子のゆるみ等を点検**する。

④二重絶縁構造のものを使用するか、**機器を絶縁台上で使用**する。

2. 電気機械器具の操作部分の照度

電気機械器具の操作の際に、感電の危険・誤操作による危険を防止するため、操作部分は必要な照度を保持しなければならない。

3. 配線・移動電線

①労働者が作業中や通行の際に接触または接触するおそれのある配線で、絶縁被覆を有するものや移動電線は、**絶縁被覆が損傷・老化**していることにより、感電の危険が生ずることを防止する措置を講じなければならない。

②水など湿潤している場所で使用する移動電線やこれに附属する接続器具で、労働者が作業中や通行の際に接触するおそれのあるものは、移動電線・接続器具の被覆・外装が導電性の高い液体に対して**絶縁効力のあるもの**でなければならない。

③仮設配線や移動電線を**通路面で使用してはならない**。

（**参考**）**移動電線**とは、電気使用場所に施設する電線のうち、造営物に固定しないものをいい、電球線および電気使用機器具の電線は除かれる。

4. 高圧活線作業

　高圧の充電電路の点検、修理等の作業で、作業に従事する労働者の感電の危険のおそれのあるときは、次のいずれかの措置を講じなければならない。

① **労働者に絶縁用保護具を着用させるとともに、充電電路への接触・接近により感電の危険のおそれのあるものに絶縁用防具を装着する**こと。

② 労働者に**活線作業用器具**を使用させること。

③ 労働者に**活線作業用装置**を使用させること。

5. 高圧活線近接作業

① **活線近接作業は、充電電路に対し頭上 30 cm、躯側（く そく）・足下 60 cm 以内に接近して作業を行う状態**をいう。

② 活線近接作業では、**充電電路に絶縁用防具を装着**するか、作業者に**絶縁用保護具を着用**させること。

問題1 労働者の電気による危険の防止に関する記述として、「労働安全衛生法」上、**誤っている**ものはどれか。

(1) 電気機械器具の充電部分で、作業中に接触し、感電のおそれのあるものには、感電を防止するための囲いを設けた。

(2) 移動電線の被覆が損傷していたので、新品に取り替えた。

(3) 電動機を有する移動式の機械を鉄板上で使用するので、当該機械の電路に感電防止用漏電遮断器を接続した。

(4) 仮設の配線を、通路面において露出したまま横断させたので、布粘着テープで固定した。

解答・解説

問題1

・仮設配線は、通路面で使用してはならない。
・屋内に施設する移動電線は、ビニルコード以外のコードを使用しなければならない。　　　　　　　　　　　　　　**答 (4)**

☻ POINT ☻

感電災害の防止についてマスターする。

1. 停電作業を行う場合の措置

　電路を開路して、電路や支持物の敷設、点検、修理、塗装等の電気工事の作業を行うときは、電路を開路した後、次の措置を講じなければならない。

①開閉器に、作業中、**施錠か通電禁止の表示**をし、または**監視人**を置くこと。

②電力ケーブル、電力コンデンサ等を有する電路で、残留電荷による危険を生ずるおそれのあるものは、安全な方法により**残留電荷を放電**させること。

③高圧・特別高圧電路は、**検電器具により停電を確認**し、かつ、**誤通電**、他の電路との**混触や誘導**による感電の危険を防止するため、**短絡接地器具を用いて確実に短絡接地**すること。

④作業中や作業を終了した場合、開路した電路に通電しようとするときは、あらかじめ、作業者に**感電の危険が生ずるおそれのないこと、短絡接地器具を取りはずしたことを確認**した後でなければ、行ってはならない。

2. 断路器などの開路

　高圧・特別高圧の電路の断路器、線路開閉器等の開閉器で、負荷電流を遮断するためのものでないものを開路するときは、**誤操作を防止**するため、電路が無負荷であることを示すための**パイロットランプ**、電路の系統を判別するための**タブレット**等により、操作者に電路が**無負荷であることを確認**させなければならない。

3. 工作物の建設などの作業を行う場合の感電防止

　架空電線・電気機械器具の充電電路に近接する場所で、工作物の建設、解体、点検、修理、塗装等の作業や附帯する作業、くい打機、くい抜機、移動式クレーン等を使用する作業を行う場合、作業者が作業中や通行の際に、充電電路に身体等が接触・接近することにより感電の危険が生ずるおそれのあるときは、次のいずれかによる措置を講じなければならない。

①**充電電路を移設**する。

②感電の危険を防止するための**囲いを設ける**。

③充電電路に**絶縁用防護具を装着**する。

④これらの措置が著しく困難なときは、**監視人を置き作業を監視**させる。

4. 絶縁用保護具などの定期自主検査

絶縁用保護具等は、**6月以内ごとに1回**、定期に、その絶縁性能について自主検査を行い、**記録は3年間保存**しなければばらない。

問題1 停電作業を行う場合の措置として、「労働安全衛生法」上、不適当なものはどれか。

(1) 開路した電路に電力用コンデンサが接続されていたので、残留電荷を放電させた。

(2) 電路が無負荷であることを確認したのち、高圧の電路の断路器を開路した。

(3) 開路に用いた開閉器に、作業中、通電禁止に関する表示をしたので、監視人を置くことを省略した。

(4) 検電器具で停電を確認したので、開路した高圧の電路の短絡接地を省略した。

解答・解説

問題1

検電器具で停電を確認しても、開路した高圧の電路への**短絡接地の取付け**は省略できない。短絡接地を取り付ける場合は、接地側に先に接続して高圧電路への取付けを行う。取り外す際は、逆手順で実施する。

検電と短絡接地が必要	
検電器	短絡接地器具

答 (4)

☙ POINT ☙

労働契約の締結などをマスターする。

1. 労働条件の明示

　　使用者は、労働契約の締結に際し、労働者に対して**賃金、労働時間その他の労働条件を明示**しなければならない。

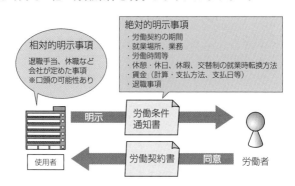

相対的明示事項
退職手当、休職など
会社が定めた事項
※口頭の可能性あり

絶対的明示事項
・労働契約の期間
・就業場所、業務
・労働時間等
・休憩・休日、休暇、交替制の就業時転換方法
・賃金（計算・支払方法、支払日等）
・退職事項

明示　労働条件通知書

使用者　労働契約書　同意　労働者

2. 記録の保存

　　使用者は、労働者名簿、賃金台帳など労働関係に関する重要な書類を**5年間保存**しなければならない。

3. 労働時間

①使用者は、労働者に、休憩時間を除き**1週間について40時間**を超えて、労働させてはならない。

②使用者は、1週間の各日については、労働者に、休憩時間を除き**1日について8時間**を超えて、労働させてはならない。

4. 休　憩

　　使用者は、**労働時間が6時間を超える場合においては少なくとも45分、8時間を超える場合においては少なくとも1時間**の休憩時間を労働時間の途中に与えなければならない。

5. 打ち切り補償

　　使用者は、療養補償を受ける労働者が**3年を経過しても負傷または疾病が治らない場合**において、**平均賃金の1200日分**の打ち切り補償を行わなければならない。

問題1 使用者が労働契約の締結に際し、書面の交付により明示すべき労働条件に関する記述として、「労働基準法」上、定められていないものはどれか。

(1) 就業の場所および従事すべき業務に関する事項
(2) 所定労働時間を超える労働の有無
(3) 退職に関する事項
(4) 福利厚生施設の利用に関する事項

問題2 建設業における、労働時間、労働契約等に関する記述として、「労働基準法」上、誤っているものはどれか。

(1) 使用者は、労働者に与えた休憩時間を自由に利用させなければならない。
(2) 親権者または後見人は、未成年者に代わって労働契約を締結してはならない。
(3) 使用者は、労働者名簿、賃金台帳など労働関係に関する重要な書類を1年間保存しなければならない。
(4) 使用者は、労働時間が6時間を超え8時間以下の場合においては、少なくとも45分間の休憩時間を労働時間の途中に与えなければならない。

解答・解説

問題1

福利厚生施設の利用に関する事項は定められていない。

答 (4)

問題2

使用者は、労働者名簿、賃金台帳など労働関係に関する重要な書類を**5年間保存**しなければならない。

(**参考**) 労働者名簿の記載事項

①労働者の氏名　②**生年月日**　③履歴
④性別　⑤**住所**
⑥従事する業務の種類　⑦**雇入の年月日**
⑧退職年月日およびその事由（解雇の場合はその理由）
⑨死亡の年月日およびその原因

答 (3)

☻ POINT ☻

年少者の使用条件をマスターする。

1. 年少者の使用

最低年齢	使用者は、児童が満15歳に達した日以後の最初の3月31日が終了するまで、これを使用してはならない。
年少者の証明書	使用者は、満18歳未満の者の年齢を証明する戸籍証明書を事業場に備え付けなければならない。
未成年者の労働契約	①親権者または後見人は、未成年者に代わって労働契約を締結してはならない。 ②親権者もしくは後見人または行政官庁は、労働契約が未成年者に不利であると認める場合においては、将来に向かってこれを解除することができる。 ③未成年者は、独立して賃金を請求することができる。 ④親権者または後見人は、未成年者の賃金を代わって受け取ってはならない。
深夜業 18	使用者は、満18歳未満の者を午後10時から午前5時までの間において使用してはならない。ただし、交替制によって使用する満16歳以上の男性については、この限りでない。
危険有害業務の就業制限 18	使用者は、満18歳未満の者に、以下のような業務（抜粋）に就かせてはならない。 ①クレーンの運転 ②玉掛け（補助作業は可能） ③足場組立解体（地上の補助作業は可能） ④直流750V、交流300Vを超える充電電路の点検・修理・操作

問題1 建設業において年少者を使用する場合の記述として、「労働基準法」上、誤っているものはどれか。

(1) 使用者は、満18歳に満たない者について、その年齢を証明する戸籍証明書を事業場に備え付けなければならない。

(2) 使用者は、児童が満15歳に達した日以後の最初の3月31日が終了するまで、これを使用してはならない。

(3) 親権者または後見人は、未成年者の賃金を代わって受け取ってはならない。

(4) 親権者または後見人は、労働契約が未成年者に不利であると認められる場合であっても、これを解除することはできない。

問題2 満18歳に満たない者を就かせてはならない業務として、「労働基準法」上、定められていないものはどれか。

(1) 深さが5m以上の地穴における業務

(2) 動力により駆動される土木建築用機械の運転業務

(3) 地上または床上における足場の組立または解体の補助作業の業務

(4) 電圧が300Vを超える電圧の充電電路の点検、修理または操作の業務

解答・解説

問題1

親権者もしくは後見人または行政官庁は、労働契約が未成年者に不利であると認める場合においては、将来に向かってこれを解除することができる。　　　　　　　**答 (4)**

問題2

地上または床上における足場の組立または解体の**補助作業**の業務は、満18歳に満たない者でも可能である。

(参考) クレーンの玉掛けの業務における**補助作業**も満18歳に満たない者でも可能である。　　　　　　　**答 (3)**

☺ POINT ☺
建築基準法の概要について太字部を中心にマスターする。

1. 建築基準法の目的
「建築物の敷地、構造、設備および用途に関する最低の基準を定めて、国民の生命、健康および財産の保護を図り、もって公共の福祉の増進に資すること」としている。

2. 用語の定義（抜粋）
①建築物：**土地に定着する工作物**のうち、**屋根・柱・壁を有するもの**、これに附属する**門・塀**、観覧のための工作物、地下・高架の工作物内に設ける事務所、店舗、興行場、倉庫その他これらに類する施設（**跨線橋、プラットホームの上家、貯蔵槽などを除く。**）をいい、建築設備を含む。

②特殊建築物：**学校、体育館、病院、共同住宅など。**

③建築設備：建築物に設ける**電気、ガス、給水、排水、換気、暖房、冷房、消火、排煙、汚物処理設備、煙突、昇降機、避雷針。**

④居室：居住、執務、作業、集会、娯楽その他これらに類する目的のために**継続的に使用する室。**

⑤主要構造部：**壁、柱、床、はり、屋根、階段。**
（除外されるもの）
・**基礎**
・**最下階の床**
・**ひさし**
・**屋外階段**など。

⑥避難階：**直接地上へ通ずる出入口のある階。**

⑦延焼のおそれのある部分：隣地境界線、道路中心線または同一敷地内の2以上の建築物相互の外壁間の中心線から、**1階にあっては3m以下、2階以上にあっては5m以下**の距離にある建築物の部分。

⑧耐火構造：壁、柱、床その他の建築物の部分の構造のうち、耐火性能に関して政令で定める技術的基準に適合する**鉄筋コンクリート造、れんが造**その他の構造のもの。

⑨**準耐火構造**：壁、柱、床その他の建築物の部分の構造のうち、準耐火性能に関して政令で定める技術的基準に適合するもの。

⑩**防火構造**：建築物の外壁または軒裏の構造のうち、防火性能に関して政令で定める技術的基準に適合する鉄網モルタル塗、しっくい塗その他の構造のもの。

⑪**不燃材料**：建築材料のうち、不燃性能に関して政令で定める技術的基準に適合するもので、国土交通大臣が定めたものまたは国土交通大臣の認定を受けたもの。

⑫**建築**：建築物を**新築**し、**増築**し、**改築**し、または**移転**すること。

⑬**大規模の修繕**：建築物の**主要構造部の一種以上について行う過半の修繕**。

⑭**大規模の模様替**：建築物の**主要構造部の一種以上について行う過半の模様替**。

⑮**特定行政庁**：**建築主事を置く市町村の区域**については当該**市町村の長**をいい、その他の市町村の区域については**都道府県知事**をいう。

⑯**建築主事**：建築確認や建築物の検査を行う人をいう。

問題1 次の記述のうち、「建築基準法」上、誤っているものはどれか。

(1) 体育館は、特殊建築物である。
(2) 防火戸は、建築設備である。
(3) 建築物の屋根は、主要構造部である。
(4) 陶磁器質タイルは、不燃材料である。

解答・解説

問題1
防火戸は、建築基準法では**防火設備**として規定されており、建築設備ではない。　　　　　　　　　　　　　　　　**答 (2)**

☻ POINT ☻

建築基準法のうち、非常用照明装置と避雷設備の概要について
マスターする。

1. 非常用照明装置

・非常用照明装置は、以下のように一定規模以上の建築物に設
  置しなければならない防災設備である。

①映画館、病院、ホテル、学校、百貨店などの特殊建築物
②階数が3階以上、延床面積が $500\,\mathrm{m}^2$ を超える建築物
③延床面積が $1\,000\,\mathrm{m}^2$ を超える建築物
④無窓居室を有する建築物

・非常照明装置は、**30分間以上**（大型施設、高層ビルなどは
  60分間以上）の点灯が義務づけられている。
・床面の照度が **$1\,\mathrm{lx}$**（蛍光灯および LED では **$2\,\mathrm{lx}$**）以上を確
  保することができるものとしなければならない。

2. 避雷設備

・避雷針は、直撃雷による雷撃電
  流を安全に大地に逃がす設備
  で、**高さ $20\,\mathrm{m}$ を超える建築物**
  などには、避雷設備の施設が義
  務づけられている。

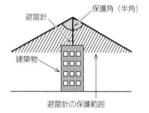

・避雷針の保護角は、保護する構
  造物が高くなるほど狭くなる。
・保護範囲の考え方には、**保護角法、回転球体法、メッシュ法**
  がある。

避雷設備の構成

①**受雷部**：突針部、むね上げ導体、手すり、フェンスなどがあ
  る。
②**避雷導線**：断面積 **$30\,\mathrm{mm}^2$ 以上の銅、$50\,\mathrm{mm}^2$ 以上のアルミ
  ニウム**の導体によって受雷部と接地極を接続する。
③**接地極**：接地極は、厚さ **$1.4\,\mathrm{mm}$ 以上、片面 $0.35\,\mathrm{m}^2$ の銅板**
  または同等以上の効果のある金属体を用い、次のように接続
  しなければならない。
  ・避雷設備の総合接地抵抗値は **$10\,\Omega$ 以下**とし、各引下げ導

線の単独接地抵抗値は **50Ω** 以下とする。
・接地極は、地下 **0.5 m** 以上の深さに埋設する。
・接地極は、ガス管から **1.5 m** 以上離す。

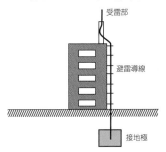

問題1 非常用の照明装置に関する記述として、「建築基準法」上、誤っているものはどれか。ただし、地下街の各構えの接する地下道に設けるものを除く。

(1) LED ランプを用いる場合は、常温下で床面において水平面照度 2lx を確保することができるものとする。

(2) 予備電源は、充電を行うことなく 10 分間継続して点灯させることができるものとする。

(3) 照明器具内に予備電源を有する場合は、電気配線の途中にスイッチを設けてはならない。

(4) 電線は、600V 二種ビニル絶縁電線その他これと同等以上の耐熱性を有するものとしなければならない。

問題2 建築物等の雷保護に関する用語として、「日本産業規格（JIS）」上、関係のないものはどれか。

(1) 接地棒　　　(2) 突針
(3) 開閉サージ　(4) 保護角

解答・解説

問題1
予備電源は、充電を行うことなく **30 分間**継続して点灯させられるものとしなければならない。　　　　　　　　　　　**答 (2)**

問題2
開閉サージは、無負荷の送電線や変圧器、コンデンサなどの開閉時に発生する異常電圧である。　　　　　　　　　　　**答 (3)**

😺 POINT 😺

建築士法の概要について太字部を中心にマスターする。

1級 1.　用語の定義（抜粋）

① 建築士：**1級建築士、2級建築士**および**木造建築士**をいう。

② **1級建築士**：**国土交通大臣の免許**を受け、1級建築士の名称を用いて、建築物に関し、設計、工事監理その他の業務を行う者をいう。

③ **2級建築士**：**都道府県知事の免許**を受け、2級建築士の名称を用いて、建築物に関し、設計、工事監理その他の業務を行う者をいう。

④ **木造建築士**：**都道府県知事の免許**を受け、木造建築士の名称を用いて、木造の建築物に関し、設計、工事監理その他の業務を行う者をいう。

⑤ 建設設備資格者（建築設備士）：建築設備に関する知識および技能につき**国土交通大臣が定める資格**を有する者をいう。建築士は、大規模の建築物等の建築設備に係る設計を行う場合において、建築設備士の意見を聴いたときは、設計図書にその旨を明らかにしなければならない。

⑥ 設計図書：建築物の建築工事の実施のために必要な図面および仕様書をいう。「設計」とはその者の責任において設計図書を作成することをいう。

⑦ 工事監理：その者の責任において、工事を設計図書と照合し、それが設計図書のとおりに実施されているかいないかを確認することをいう。

1級 **問題1** 次の記述のうち、誤っているものはどれか。

(1) 建築士は、建築物に関する調査または鑑定を行うことはできない。

(2) 建築設備士は、建築設備に関する知識および技能につき国土交通大臣が定める資格を有する者である。

(3) 都道府県知事の行う2級建築士試験に合格し、その都道府県知事の免許を受けた者は、2級建築士になることができる。

(4) 工事監理とは、その者の責任において、工事を設計図書と照合し、それが設計図書のとおりに実施されているかいないかを確認することをいう。

1級 **問題2** 次の記述のうち、誤っているものはどれか。

(1) 1級建築士になろうとする者は、1級建築士試験に合格し、国土交通大臣の免許を受けなければならない。

(2) 2級建築士は、鉄筋コンクリート造で、延べ面積3 000 m²、高さが9 mの建築物を新築する場合、その工事監理をすることができる。

(3) 建築士は、大規模の建築物の建築設備に係る設計を行う場合において、建築設備士の意見を聴いたときは、設計図書にその旨を明らかにしなければならない。

(4) 設備設計1級建築士は、階数が3以上で床面積の合計が5 000 m²を超える建築物の設備設計を行った場合においては、その設備設計図書に設備設計1級建築士である旨の表示をしなければならない。

解答・解説

問題1
建築士は、**建築物に関する調査・鑑定**を行うことができる。

答 (1)

問題2
2級建築士の業務範囲は、鉄筋コンクリート造については、階数に関係なく**延べ面積300 m²以下**、軒高9 m以下である。

答 (2)

☺ POINT ☺

道路の占用許可と使用許可についてマスターする。

1. 道路の定義

道路は、道路法で次のように定義されている。

「一般交通の用に供する道で、トンネル、橋、渡船施設、道路用エレベーター等道路と一体となってその効用を全うする施設または工作物および道路の附属物で当該道路に附属して設けられているものを含むものとする。」

2. 道路の使用許可

道路交通法により、道路を使用する場合は**所轄警察署長の許可**を受けなければならない。

3. 道路の占用

道路の占用とは、路上や上空、地下に一定の施設を設置し、**継続して道路を使用すること**である。

上方占用の例 道路上空の看板、家屋・店舗の日除け等	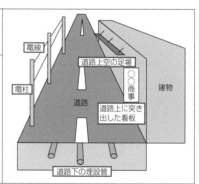
下方占用の例 電気・電話・ガス・上下水道などの管路を道路の地下に埋設	

4. 道路の占用許可

道路法により、道路を占用する場合は**道路管理者の許可**を受けなければならない。

許可申請書への記載内容

①道路の占用の目的　②道路の占用の期間　③道路の占用の場所　④工作物、物件または施設の構造　⑤工事実施の方法　⑥工事の時期　⑦道路の復旧方法

問題1 「道路法」上、占用許可を受ける必要のないものはどれか。

(1) 道路に作業車を駐車させ、街路照明灯の電球の交換を行う。
(2) 配電用の地上用変圧器（パッドマウント変圧器）を道路に設置する。
(3) 道路の上空に、落下物の防止のために防護柵を設置する。
(4) 電話引込のための電柱を道路に設置する。

問題2 道路の占用許可申請事項として、「道路法」上、定められていないものはどれか。

(1) 道路の占用の場所
(2) 工事実施の方法
(3) 道路の復旧方法
(4) 占用する工作物の維持管理方法

解答・解説

問題1

道路に作業車を駐車させ、街路照明灯の電球の交換を行う場合には、**警察署長の道路使用許可**を受けなければならない。

答 (1)

問題2

占用する工作物の維持管理方法は、占用許可申請事項とはなっていない。

答 (4)

☺ POINT ☺
公害や産業廃棄物についてマスターする。

1. 公害の要因

公害とは、環境の保全上の支障のうち、事業活動その他の人の活動に伴って生ずる相当範囲にわたるものである。

〈公害の要因〉

①大気汚染、②水質汚濁、③土壌の汚染、④騒音、⑤振動、⑥地盤沈下、⑦悪臭

2. 産業廃棄物

事業活動に伴って生じた廃棄物のうち、廃棄物の処理および清掃に関する法律（廃棄物処理法）で規定された**20種類**を産業廃棄物という。

廃プラスチック類	金属くず	ガラスくず	コンクリートくず
陶磁器くず	がれき類	汚泥	廃油
紙くず	木くず	繊維くず	飛散性アスベスト（特別管理）

図　代表的な産業廃棄物

3. 特別管理産業廃棄物

産業廃棄物のうち**爆発性、毒性、感染性その他、人の健康や生活環境に被害を生じるおそれのあるもの**。

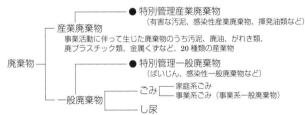

廃棄物
- 産業廃棄物
  - ● 特別管理産業廃棄物
    （有害な汚泥、感染性産業廃棄物、揮発油類など）
  - 事業活動に伴って生じた廃棄物のうち汚泥、廃油、がれき類、廃プラスチック類、金属くずなど、20種類の産業物
- 一般廃棄物
  - ● 特別管理一般廃棄物
    （ばいじん、感染性一般廃棄物など）
  - ごみ
    - 家庭系ごみ
    - 事業系ごみ（事業系一般廃棄物）
  - し尿

4. 廃棄物管理票（マニフェスト）

①産業廃棄物の運搬・処分を他人に委託する場合は、事業者は**産業廃棄物管理票を交付**しなければならない。

②事業者は、運搬・処分が終了したことを**管理票の写し**で確認し、それを**5年間保存**しなければならない。

問題1 公害の要因として、「環境基本法」上、定められていないものはどれか。

(1) 振動 　　　　(2) 妨害電波
(3) 土壌の汚染 　(4) 悪臭

問題2 産業廃棄物に関する記述として、「廃棄物の処理及び清掃に関する法律」上、誤っているものはどれか。

(1) 事業活動に伴って生じた汚泥、廃油および廃酸は、産業廃棄物である。

(2) 事業者は、産業廃棄物を運搬するまでの間、産業廃棄物保管基準に従い、生活環境の保全上支障のないように保管しなければならない。

(3) 管理票交付者は、産業廃棄物の処分が終了した旨が記載された管理票の写しを、送付を受けた日から5年間保存しなければならない。

(4) 発生した産業廃棄物を事業場の外において保管を行った事業者は、保管をした日から30日以内に都道府県知事に届け出なければならない。

解答・解説

問題1
妨害電波は公害の要因として定められておらず、「電波法」で規制されている。　　　　　　　　　　　　　　　　**答 (2)**

問題2
産業廃棄物を、事業場の外において保管しようとするときの届出は、事後でなく**事前**である。
(参考) 建設発生土は産業廃棄物ではない。

　　　　　　　　　　　　　　　　　　　　　　　　　答 (4)

☺ POINT ☺

資源の有効利用に関する法律についてマスターする。

1. リサイクル法の目的

　資源の有効な利用の促進に関する法律（リサイクル法）の目的は、資源の有効な利用の確保を図るとともに、廃棄物の発生の抑制および環境の保全に資するため、使用済物品等および副産物の発生の抑制ならびに再生資源および再生部品の利用の促進に関する所要の措置を講ずることとし、もって国民経済の健全な発展に寄与することである。

2. 建設リサイクル法の目的

　建設工事に係る資材の再資源化等に関する法律（建設リサイクル法）の目的は、特定の建設資材について、その分別解体等および再資源化等を促進するための措置を講ずるとともに、解体工事業者について登録制度を実施すること等により、再生資源の十分な利用および廃棄物の減量等を通じて、資源の有効な利用の確保および廃棄物の適正な処理を図り、もって生活環境の保全および国民経済の健全な発展に寄与することである。

3. 指定副産物と特定建設資材

　指定副産物と特定建設資材の違いは、下図のとおりである。

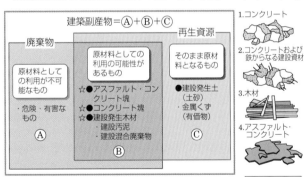

●：資源有効利用促進法に規定された「指定副産物」
☆：建設リサイクル法に規定された「特定建設資材」

問題1 分別解体等および再資源化等を促進するため、特定建設資材として、「建設工事に係る資材の再資源化等に関する法律」上、定められていないものはどれか。

(1) 木材

(2) 建設発生土

(3) アスファルト・コンクリート

(4) コンクリートおよび鉄から成る建設資材

問題2 建設資材廃棄物に関する記述として、「建設工事に係る資材の再資源化等に関する法律」上、誤っているものはどれか。

(1) 解体工事における分別解体等とは、建築物に用いられた建設資材に係る建設資材廃棄物をその種類ごとに分別しつつ当該工事を計画的に施工する行為である。

(2) 再資源化には、分別解体等に伴って生じた建設資材廃棄物について、資材または現材料として利用することができる状態にする行為が含まれる。

(3) 建設業を営む者は、建設資材廃棄物の再資源化により得られた建設資材を使用するよう努めなければならない。

(4) 対象建設工事の元請業者は、当該工事に係る特定建設資材廃棄物の再資源化等が完了したときは、その旨を都道府県知事に書面で報告しなければならない。

解答・解説

問題1

建設発生土や石膏ボードは、特定建設資材ではない。　**答 (2)**

問題2

対象建設工事の元請業者は、当該工事に係る特定建設資材廃棄物の再資源化等が完了したときは、その旨を工事の発注者に書面で報告しなければならない。

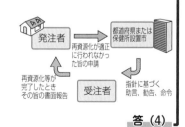

答 (4)

☺ POINT ☺

電気通信事業法の概要をマスターする。

1. 電気通信事業者の登録

電気通信事業を営もうとする者は、**総務大臣の登録**を受けなければならない。

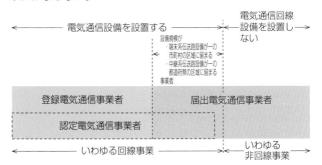

2. 電気通信主任技術者の選任

①電気通信事業者は、事業用電気通信設備の工事、維持および運用に関する事項を監督させるため、**電気通信主任技術者資格者証**の交付を受けている者のうちから、**電気通信主任技術者を選任**しなければならない。

②電気通信事業者は、電気通信主任技術者を**選任・解任**したときは、遅滞なく、その旨を**総務大臣に届け出**なければならない。

	事業所区分	名　称
電気通信主任技術者の種類	事業用電気通信設備（線路設備とこれに附属する設備を除く）を直接管理する事業場	伝送交換主任技術者
	線路設備とこれに附属する設備を直接管理する事業場	線路主任技術者

3. 電気通信主任技術者の義務

電気通信主任技術者は、事業用電気通信設備の**工事、維持および運用**に関する事項の**監督の職務を誠実**に行わなければならない。

問題1 電気通信主任技術者に関する記述として、「電気通信事業法」上、誤っているものはどれか。ただし、その事業用電気通信設備が小規模である場合その他の省令で定める場合を除く。

(1) 電気通信主任技術者は、事業用電気通信設備の工事、維持および運用に関する事項を監督することができる。

(2) 電気通信事業者は、電気通信主任技術者を選任したときは、遅滞なく、その旨を都道府県知事に届け出なければならない。

(3) 電気通信主任技術者は、電気通信主任技術者資格者証の交付を受けている者のうちから選任しなければならない。

(4) 電気通信主任技術者資格者証の種類には、伝送交換主任技術者資格者証および線路主任技術者資格者証がある。

問題2 有線電気通信設備に関する次の文章中、_____ に当てはまる架空電線の高さとして、「有線電気通信法」上、定められているものはどれか。

「架空電線が鉄道または軌道を横断するときは、軌条面から_____（車両の運行に支障を及ぼす恐れがない高さが_____より低い場合は、その高さ）以上であること。」

(1) 5 m (2) 6 m (3) 7 m (4) 8 m

解答・解説

問題1

電気通信事業者は、電気通信主任技術者を**選任**したときは、遅滞なく、その旨を**総務大臣**に届け出なければならない。

答 (2)

問題2

①道路上にあるとき：路面から **5 m** 以上

②横断歩道橋の上にあるとき：路面から **3 m** 以上

③鉄道または軌道を横断するとき：**軌条面から 6 m** 以上

④河川を横断するとき：舟行に支障を及ぼすおそれがない高さであること。

答 (2)

☻ POINT ☻
消防法の代表的な用語と消防用設備等の種類をマスターする。

1. 用語の定義

①**防火対象物**：山林または舟車、船きょ・ふ頭に繋留された船舶、建築物その他の工作物・これらに属する物。

②**特定防火対象物**：消防法施行令で定められた、**多数の者が出入りする防火対象物**。

　　[例：デパート、映画館、飲食店、病院、公衆浴場]

③**非特定防火対象物**：**特定の者が出入り**する防火対象物。

　　[例：工場、作業場、事務所]

④**消防対象物**：山林または舟車、船きょ・ふ頭に繋留された船舶、建築物その他の工作物または物件。

2. 消防用設備等の種類

　消防用設備等の種類には、表のようなものがある。

区 分		種　類
消防用設備等	消火設備	消火器、屋内消火栓設備、スプリンクラー設備、水噴霧消火設備、泡消火設備、不活性ガス消火設備、ハロゲン消火設備、粉末消火設備、屋外消火栓設備、動力消火ポンプ設備
	警報設備	自動火災報知設備、ガス漏れ火災警報設備、漏電火災警報器、非常警報設備、消防機関へ通報する火災報知設備
	避難設備	避難器具、誘導灯
	消防用水	
	その他	排煙設備、連結散水設備、連結送水管、無線通信補助設備、非常用コンセント設備

消火器

室内消火栓設備

非常警報設備

誘導灯

（注意）消防用水とその他は消防用設備等であるが、消火設備ではない。**消防用設備は、消火設備、警報設備、避難設備**で、区分の**その他は消火活動上必要な施設**である。

1級 **問題1** 特定防火対象物に該当するものとして、「消防法」上、定められていないものはどれか。

(1) 百貨店　(2) 旅館　(3) 公会堂　(4) 工場

問題2 消防用設備等の種類として、「消防法」上、定められていないものはどれか。

(1) 消火器　　　　　　(2) 誘導灯
(3) 漏電火災警報器　(4) 非常用の照明装置

1級 **問題3** 次の記述のうち、「消防法」上、誤っているものはどれか。

(1) 非常コンセント設備および無線通信補助設備は避難設備である。
(2) ハロゲン化物消火設備および動力消防ポンプ設備は消火設備である。
(3) 自動火災報知設備、ガス漏れ火災警報設備および漏電火災警報器は警報設備である。
(4) 非常ベル、自動式サイレンおよび放送設備は非常警報設備である。

解答・解説

問題1

工場や教会などは、非特定防火対象物である。　**答 (4)**

問題2

・非常用の照明装置は、**建築基準法**上の**避難設備**である。

・非常用の照明装置は、非常時に **30分間点灯を継続**し、直接照明で、床面で **1lx以上**（蛍光灯および LED は 2lx 以上）の照度が必要である。

白熱灯タイプ　　蛍光灯タイプ

答 (4)

問題3

非常コンセント設備・無線通信補助設備は消火活動上必要な施設である。　**答 (1)**

☙ POINT ☙

消防設備士の種類と着工届出についてマスターする。

1. 消防設備士

①消防設備士の免状には甲種消防設備士と乙種消防設備士とがある。

②甲種消防設備士：工事、整備、点検ができる。

③乙種消防設備士：整備、点検ができる。

④電源、水源および配管の部分は、消防設備士でなくても行える。

⑤消防設備士は、その業務に従事するときは、消防設備士**免状**を携帯していなければならない。

指定区分	工事・整備ができる工事整備対象設備等の種類	甲種	乙種
特 類	特殊消防用設備等	○	
第1類	屋内消火栓設備、スプリンクラー設備、水噴霧消火設備または屋外消火栓設備	○	○
第2類	泡消火設備	○	○
第3類	不活性ガス消火設備、ハロゲン化物消火設備または粉末消火設備	○	○
第4類	自動火災報知設備、ガス漏れ火災警報設備または消防機関へ通報する火災報知設備	○	○
第5類	金属製避難はしご、救助袋または緩降機	○	○
第6類	消火器		○
第7類	漏電火災警報器		○

2. 消防用設備等の着工届出・設置届出

①甲種消防設備士は、**工事に着手しようとする日の10日前**までに、消防用設備等着工届出書に当該工事に係る設計に関する図書を添えて、**消防長または消防署長に届け出**なくてはならない。

②防火対象物の所有者、管理者または占有者は、**設置届出書**を工事が完了した日から**4日以内**に消防長または消防署長に届け出なければならない。

問題1 消防設備士に関する記述として、誤っているものはどれか。

(1) 消防設備士免状の種類には、甲種消防設備士免状および乙種消防設備士免状がある。

(2) 乙種消防設備士の免状の種類は、第1類から第7類の指定区分に分かれている。

(3) 乙種消防設備士は、政令で定める消防用設備の工事を行うことができる。

(4) 政令で定める消防用設備等の工事を行うときは、着工届出書を消防長または消防署長に提出しなければならない。

問題2 消防設備士に関する記述として、誤っているものはどれか。

(1) 消防設備士免状の種類には、甲種と乙種がある。

(2) 漏電火災警報器の整備は、乙種第7類の消防設備士が行うことができる。

(3) 消防設備士は、その業務に従事する場合は、消防設備士免状を携帯していなければならない。

(4) 自動火災報知設備の電源部分の工事は、甲種第4類の消防設備士が行わなければならない。

問題3 消防用設備等の届出に関する次の文章中、[　　]に当てはまる語句として、正しいのはどれか。

「設置届出書は、工事が完了した日から[　　]以内に消防長または消防署長に届け出なければならない。」

(1) 2日　　(2) 4日　　(3) 10日　　(4) 14日

解答・解説

問題1
甲種消防設備士は、政令で定める消防用設備の**工事**を行うことができる。　　　　　　　　　　　　　　　　　**答 (3)**

問題2
自動火災報知設備の電源部分の工事は、電気工事士が行わなければならない。　　　　　　　　　　　　　　　　　　**答 (4)**

問題3
設置届出書は、**工事完了4日以内**である。　　　　　　**答 (2)**

❤ POINT ❤

誘導灯についてマスターする。

1. 誘導灯の種類と適用

　火災による煙が発生し視界が悪くなっても、誘導灯（矢印）に従うことで、安全に確実に避難方向へ誘導することができる。

避難口誘導灯	通路誘導灯	客席誘導灯
人が出口に向かう図で避難口を明示	人が矢印に向かう図で避難方向を明示	客席の横下に取付け、非常の場合、通路の床面を照らす

種　類	目　的
避難口誘導灯	①避難口の位置明示 ②避難方向の明示 （階段または傾斜路に設けるもの以外）
通路誘導灯	避難上、必要な床面照度の確保、避難の方向の確認（階段または傾斜路に設けるもの以外）
客席誘導灯	避難上必要な床面照度の確保

> **問題1** 避難口誘導灯をA級またはB級（表示面の明るさが20cd以上のものまたは点滅機能を有するもの）としなければならない防火対象物として、「消防法」上、定められているものはどれか。
> ただし、複合用途防火対象物でないものとする。
> 　(1) 地下街　(2) 図書館　(3) 小学校　(4) 共同住宅

問題2 誘導灯に関する記述として、「消防法」上、誤っているものはどれか。

(1) 誘導灯には、非常電源を附置する。

(2) 電源の開閉器には、誘導灯用のものである旨を表示する。

(3) 屋内の直通階段の踊場に設けるものは、避難口誘導灯とする。

(4) 誘導灯に設ける点滅機能は、自動火災報知設備の感知器の作動と連動して起動する。

問題3 次の記述のうち、「消防法」上、誤っているものはどれか。

(1) ガス漏れ火災警報設備には、非常電源を附置しなければならない。

(2) 客席誘導灯は、避難の方向を明示した緑色の灯火としなければならない。

(3) 非常コンセントは、埋込式の保護箱内に設けなければならない。

(4) 排煙設備には、手動起動装置または火災の発生を感知した場合に作動する自動起動装置を設けなければならない。

解答・解説

問題1

避難口誘導灯は、大きさによって**A級・B級・C級の3種類**があり、図書館、小学校、共同住宅は**C級以上**である。

答 (1)

問題2

屋内の直通階段の踊場に設けるものは、**通路誘導灯**である。

答 (3)

問題3

客席誘導灯は、客席の横下につけ絵パネルはない。

(参考) **防災設備の非常電源容量の原則**

警報設備 **10分**、避難設備 **20分**、消火設備 **30分**、不活性ガス消火設備 **60分**、連結送水管 **120分以上**

答 (2)

得点パワーアップ知識

●法　規●

労働安全衛生法

①事業者は、健康診断の結果に基づき、健康診断個人票を作成して、これを5年間保存しなければならない。

②対地電圧が150Vを超える、常時使用する移動式の電動機械器具を接続する電路の感電防止用漏電遮断装置は、作動状態をその日の使用を開始する前に点検する。

③作業中に感電のおそれのある電気機械器具に、感電注意の表示をしても、その充電部分の感電を防止するための囲いおよび絶縁覆いは省略できない。

労働基準法

①使用者は、労働契約の不履行について違約金を定め、または損害賠償額を予定する契約をしてはならない。

②労働契約で明示された労働条件が事実と相違する場合においては、労働者は、即時に労働契約を解除することができる。

③常時10人以上の労働者を使用する使用者は、就業規則を作成し、行政官庁に届け出なければならない。

④療養補償を受ける労働者が、療養開始後、3年を経過しても負傷または疾病が治らない場合においては、使用者は、平均賃金の1200日分の打切補償を行わねばならない。

⑤賃金は通貨で、毎月1回以上、一定の期日を定めて、直接労働者に、その全額を支払わなければならない。

（ 重要用語索引 ）

〈著者略歴〉

不 動 弘 幸 （ふどう　ひろゆき）

不動技術士事務所
　技術士（電気電子・経営工学・総合技術監理部門）
　第一種電気主任技術者
　エネルギー管理士（電気・熱）
　労働安全コンサルタント（電気）
　1級電気工事施工管理技士　　　ほか
主な著書
　1級電気工事施工管理技士完全攻略（第一次検定・第二次検定対応）
　2級電気工事施工管理技士完全攻略（第一次検定・第二次検定対応）
　　　　　　　　　　　　　　　　　　　　　（以上、オーム社）

ポケット版
電気工事施工管理技士（1級＋2級）第一次検定要点整理

2022 年 9 月 5 日　　第 1 版第 1 刷発行

著　　者　不 動 弘 幸
発 行 者　村 上 和 夫
発 行 所　株式会社　オ ー ム 社
　　　　　郵便番号　101-8460
　　　　　東京都千代田区神田錦町 3-1
　　　　　電 話　03（3233）0641（代表）
　　　　　URL　https://www.ohmsha.co.jp/

© 不動弘幸 2022

組版　タイプアンドたいぽ　　印刷・製本　三美印刷
ISBN978-4-274-22941-1　Printed in Japan

本書の感想募集　https://www.ohmsha.co.jp/kansou/
本書をお読みになった感想を上記サイトまでお寄せください。
お寄せいただいた方には、抽選でプレゼントを差し上げます。